U0153581

圖解

五南圖書出版公司 印行

品質管理

陳耀茂／編著

閱讀文字

理解內容

觀看圖表

圖解讓
品質管理
更簡單

序言

　　品質管理的基本事項是在於「品質的想法、看法與作法」，此想法與看法即為品管思想（philosophy），有了適切的品管思想，行動才不會發生偏差，也才能達到期望的結果，此即為國父孫中山所說的：「有了思想才會有信仰，有了信仰才會有力量」的道理。因此，本書將此品管理念放在第 1 章，其中介紹品質的原理、管理的原理及品質定律等，有助於了解以品質作為核心的經營思想。

　　品質的作法（methodology）包括改善、維持與創新，日本企業的改善，從1970 年代到 1980 年代，特別是品質管理中的改善受到世界的矚目。在此時代的許多日本企業，針對品質、成本、速率、生產力等，建構起積極地改善過程的此種文化進而獲得成功。譬如，利用 QCC 活動在製造現場降低不良、改善品質、降低成本，就是其直截了當的例子。

　　競爭變得激烈化的現在，企業組織要生存繁榮，有需要針對顧客所希望的好品質產品、好品質服務，以低廉的成本且能迅速地提供。產品、服務若是屬於單純的時代，生產現場或服務的提供現場，只要努力打拚都能設法做到。可是，像目前產品或服務變得複雜化時，不只是特定的部門，所有的部門如不改善各自的過程，產品的品質或服務的品質、成本、速率、生產力等綜合性的水準，自然是無法提升的。

　　那麼，改善要如何進行才好？其核心是「正確地掌握事實，以邏輯的方式判斷」。以直覺進行改善，如果結果變好那自然是最好不夠了，可是，實際上無法如此的情形也很多。並且，大型專案為了避免失敗，儘可能提高改善的成功機率更是有需要的。此即本書將改善放在第 2 章的理由。

　　改善並非口號，要身體力行，而且改善並非毫無章法，本書為了使改善能導向成功，說明有標準式的步驟。這是指「整理背景」、「分析現狀」、「探索要因」、「研擬對策」、「驗證效果」、「引進及管制」。

　　只要務實的依循此步驟進行，都能有效果呈現。此外，改善並非土法煉鋼，仍需佐以合適的手法，因之日本產學合作經多年的努力開發出有效的「品管七工具」，企業實施之後效果顯著，又有感於品管面對的問題並非全是數值性問題，也有定性的問題，因之日本產學又基於此問題的需要，著手開發「新品管 7 工

具」，企業實施之後甚有助益。因此本書將「品管七工具」及「新品管七工具」列於第 3 章，供讀者參考，由於只是簡述，其中若有不足之處，請參閱《EXCEL 品質管理》（五南出版）。

日本的 TQM 活動已在許多的企業中極為活躍地進行，且獲有甚大的成果，這已是眾所周知的事情。即使海外，日本的 TQM 也是嶄露頭角，究其日本產品優良的原因，可以說是日本企業努力推行 TQM 活動的關係。如今日本不僅是製造業，甚至連建築業、服務業、金融業等所有的業界，引進 TQM 的企業也是有增無減。

因此，第 4 章的內容主要是介紹推行 TQM 活動所需的體系及模式。依序概說 TQM 是什麼、支撐 TQM 的行動指針與基本的想法、提升各過程水準的方法、提升組織全體水準的方法、各階段 TQM 推行的重點，最後是介紹 TQM 的模式與其效果的活用。由於敘述著重在 TQM 的要點與想法，想進一步學習的讀者也可以此書作為橋梁，再參閱其他相關書籍，相信會更有助益的。

本書不僅是為了直接參與生產、服務的第一線人員，也是為了所有各部門的人員能夠輕鬆閱讀而執筆的。這如先前所說明的，品質、成本、速率、生產力的改善，所有部門的參與是不可欠缺的。以品質為核心的改善進行方式，不妨以本書作為導入口，並以相關書籍作為參考，想必可以強化品管的改善知識。

綜觀本書是採圖解式循序漸進的解說，簡明易懂，作者期盼本書能做為讀者學習的敲門磚，再進階參閱其他相關品管書籍，以熟悉品管之運用。

最後，書中如有謬誤之處，尚請賢達指正。

謹誌於　東海大學企管系所

陳耀茂

CONTENTS

目錄

第 3 篇　　改善管理

第 11 章　　改善的需要性

第 12 章　　背景整理

第 13 章　　現狀分析

第 14 章　　要因探索

第 15 章　　對策研擬

第 16 章　　效果驗證

第 17 章　　引進與管制

第 4 篇　全面品質管理

第 18 章　TQM 的需要性

第 19 章　提升各過程水準的方法

第 20 章　提升整個組織水準的方法

第 21 章　各階段 TQM 的重點

第 22 章　TQM 的模型與其效果的活用

第1篇
品管理念

第1章
品質的想法

1-1 何謂品質

　　所謂好的品質是指產品及服務能給予顧客很高的滿意度而言。

　　今天所謂好的品質，光是顧客沒有不滿（當然品質）是不夠的，必須積極地給予滿足（魅力品質）才行。

好的品質＝當然品質 × 魅力品質

　　日本學者狩野紀昭教授提及三個層次的品質，第一層次的品質為「符合客戶的基本要求」，判斷品質的好壞只要透過「評價的對象與客戶的基本要求」能不能平衡即可，此種促進品質活動的品質管制，深深影響日本 50 年代的評價模式與產品競爭力。何謂基本要求？狩野紀昭解釋，例如：不突然熄火、可行使、拐彎、刹車，就是汽車的基本要求，而這類型的產品，在 60 年代中期以後就已逐漸賣不出去了，因為隨著產品多元多樣化，消費者開始根據商品的規格和樣式來挑選，也因此進入了第二層次的品質。

　　第二層次的品質則是「評價客戶的基本要求是否滿足」，亦即是否能滿足客戶表明的要求，這種方式則是日本 70 年代的評價標準。現今大家在選擇昂貴的物品時，都遇到了看似很好的競爭商品，挑選時也耗費很多精力，這說明了商品的製造都已成熟，只是滿足客戶要求的產品，競爭力已漸漸不足，所以為了適應市場變化，因而產生了第三層次「開發創造並滿足客戶的潛在要求」來評價品質的好壞，此種促進品質的活動就稱為「品質創新」。

　　近年隨著產業典範轉移，競爭力的關鍵要素已由過去僅以產品／技術品質為核心的「效率」驅動，轉變為以顧客為核心的「創新」驅動。不僅重視產品品質是否卓越，更強調是否具備創新營運模式。創新在於找出「顧客」潛在且關鍵的需求，要想到別人沒有想到的，而且是市場需要的關鍵性產品，不只是單純的標新立異，要創造出與眾不同的價值才行。

　　第一層次的品質為「符合客戶的基本要求」，第二層次的品質則是「評價客戶的基本要求是否滿足」，第三層次「開發創造並滿足客戶的潛在要求」，亦即「品質創新」。

下圖說明魅力品質會隨時代變遷，今日的魅力品質很可能變成明日的當然品質，因之不斷地掌握顧客所期待的要求，創造新的魅力品質，由於各公司的創新能力不相上下，因之開發速度成了決定勝敗的關鍵。

圖 1-1 是說明品質的創新過程。

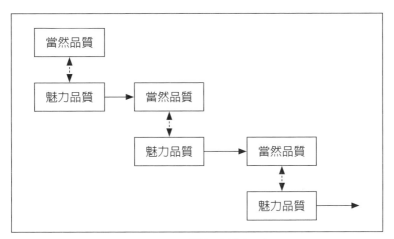

圖 1-1 品質的創新過程

品質創新就是追求品質差異化，亦即提升現有技術特性，提高現有產品差異化，強化競爭力。

魅力品質歷經一段時間後，因爲各企業競相模仿，不久也會變成當然品質，爲了有所差異，唯有積極開發新的魅力品質，使之呈現差異化，方能立於不敗之地。

1-2 品質的定義

根據 JIS 8101 對品質所下的定義是：

「決定物品及服務是否滿足使用目的而成為評價對象的整個固有的性質與性能」。

ISO 定義：為了使品質的要求達到滿意的程度，所必須執行的技術和運作。經濟部標檢局考慮將 ISO 15189 轉換為「中華民國國家標準（CNS）」。

備註：

(1)在判定物品及服務是否滿足使用目的時，必須考慮該物品及服務對社會的影響。

(2)品質由品質特性所構成。例如，一般照明用之螢光燈的品質，就包括了電力的消耗量、直徑、長度、金屬環口的形狀、大小、啟動特性、開始特性、光束維持率、壽命、金屬環口的接著強度、光源、色澤、外觀等品質特性。

以下是五位品管大師對品質的定義：

1. 戴明（Edwards Deming）：以最經濟的手段製造出最有用的產品。

2. 朱蘭（Joseph Juran）：一種適用性（fitness for use），亦即使產品在使用期間滿足使用者需求。

3. 費根堡（Armand Feigenbaum）：品質絕不是最好的，是某種消費條件下最好。

4. 石川馨（kaoru Ishikawa）：一種能令顧客或使用者滿意，
   並且樂於購買的特質。

5. 克勞斯比（Philips Crosby）：品質是指符合顧客要求。

- 五位品管大師對品質的共同理念可以整理如下：
  - 顧客或使用者的需要為決定品質水準的最重要因素。
  - 品質為公司整體策略的核心。
  - 應將品質意識培養成企業文化的一部分。
  - 高階主管應展示追求卓越品質的決心，中階層應努力學習品質改善的新知識
    或新技能，而低階層應對品管作業水準，作有系統的了解結語確實執行。
  - 人力資源是影響品質效果的關鍵因素，而教育訓練是不可節省的投資。

1-3 使用的合適性

品質＝使用者的滿意度→設計品質 × 適合品質

　　所謂品質，以較傳統的說法來解釋是指對產品規格的適合度（簡稱為適合品質）。但是，在市場經濟之下，只有考慮規格的適合是不夠的，還要滿足市場的潛在、顯在性要求才行。例如，在省能源盛行的時代，就暖氣效果來說，不論它在規格上的特性是如何地完美，如果在設計上沒有考量到省能源的問題，那麼它就不能算是一個品質良好的產品。

　　從這樣的觀點衍生了另外的一些想法，即「所謂品質就是使用者的滿意度」，或「所謂品質就是使用的適合度」。為使這些想法實現，有二個必要的階段必須完成（見圖 1-2 的「近代的觀念」），第一是將使用者的要求充分反映到產品規格（其反映度稱為設計品質），第二是在製造階段生產符合該規格的產品（其合適度稱為合適品質）。

　　所謂品質「就是使用者的滿意度」，為使這些想法實現，有二個必要的階段必須完成：
　　第一是將使用者的要求充分反映到產品規格上（其反映度稱為設計品質）。
　　第二是在製造階段生產符合該規格的產品（其合適度稱為合適品質）。

　　這樣的想法對於工程也好，買賣或服務也好，都可以直接適用。例如在考慮建設工程的品質時，工程規格等設計文件所指示的「設計品質」以及施工是否依照設計文件進行的「適合品質」，此兩者都必須符合使用者及施工業主的需求才行。另外，無形的產品，換句話說在考慮服務這一類的品質時，針對服務所制定的服務基準，其品質和實際實現之品質兩者，都必須讓享受服務之人獲得滿意才行。總而言之，施予服務者的意圖與接受服務者滿意度必須是一致才行。

　　古典的品質觀念是強調與產品規格的合適度，其目的只是將產品銷售出去而已，近代的品質觀念則是站在使用者的角度評估品質是否滿足，亦即使用的適合度，朱蘭（Juran）認為品質就是適用性（fitness for use），其目的必須使產品在使用期間能滿足使用者的需要，以原子筆為例就是使用時不會斷水，而且任何時間書寫都很順暢，以圖表示即為如下。

	品質	背景
古典的觀念	與產品規格的適合度	適合 產品 ⟶ 產品規格 質 = 所 + 貝 所→表示均衡、相配 貝→貨幣
近代的觀念	使用者的滿足度 亦即 使用適合度	滿足度 產品 ⟶ 使用者 製造 反映 ↘ ↙ 產品規格

圖 1-2　品質的觀念

　　古典的品質觀念是放在產品規格的適合與否，然而近代的品質觀念則是放在使用者的滿意度，涵蓋範圍是包含了古典的品質觀念。

1-4 誰是顧客

生產大眾消費財的製造業在實踐全面品質管理時，對於這個問題可以不必那麼在意。但生產生產財的製造業或建設業也開始引進 TQM，這個問題就逐漸浮現了。近年來，第 3 次產業也逐漸有不少企業在引進 TQM，這點就變得愈來愈重要了。

例如，就以製造業爲限定範圍來看，下列各項都是要考慮的對象，即

(1)顧客。

(2)使用者。

(3)在產品的生產、使用、丟棄時受到影響的人當中，除了顧客與使用者之外的其他人。

- 狹義的顧客指的是
  (1) 顧客。
  (2) 使用者。
- 廣義的顧客指的是
  (3) 在產品的生產、使用、丟棄時受到影響的人當中，除了顧客與使用者之外的其他人。

消費財的話，多半是「顧客＝使用者」，但也有不是這樣的情形，例如贈品用的商品、公寓用的廚房器具等便是其例。另外，很多的生產財也未必「顧客＝使用者」。

若是建設業的話，一般來說會與上述的 (1)、(2)、(3) 不同，若是第 3 次產業的話，關係就更爲複雜了。例如銀行的顧客是誰？廣播公司的顧客、電力公司的顧客又是誰？只要試著這樣自問自答就不難了解其複雜性。如果在這裡判斷錯誤的話，就算有再卓越的技術，也無法達成滿足顧客需求的品質。

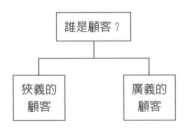

• 顧客不一定等於使用者。

知識補充站

品管小故事大啓示

　　魏文王問名醫扁鵲說：「你們家兄弟三人，都精於醫術，到底哪一位最好呢？」扁鵲答：「長兄最好，中兄次之，我最差。」文王再問：「那麼為什麼你最出名呢？」扁鵲答：「長兄治病，是治病於病情發作之前。由於一般人不知道他事先能剷除病因，所以他的名氣無法傳出去；中兄治病，是治病於病情初起時。一般人以為他只能治輕微的小病，所以他的名氣只及本鄉里；而我是治病於病情嚴重之時。一般人都看到我在經脈上穿針管放血、在皮膚上敷藥等大手術，所以以為我的醫術高明，名氣因此響遍全國。」

　　此則故事說明了一個道理：事後控制不如事中控制，事中控制不如事前控制。事前控制就是要做好預防，俗話說：「預防重於治療」，能防患於未然之前，更勝於治亂於已成之後，品質的成功之道就在於預防。

1-5 品質的兩個層面

從當然的品質向魅力的品質去實現

　　一般在使用「質」或「品質」這個用語時，會因為狀況而區分成二個意義來使用。例如買一枝原子筆回來寫寫看，一般只要能寫字的話，會認為這是「理所當然」的，不會特別感到不滿，也不會特別雀躍滿意。但是如果墨水出不來，無法寫字的話，就會感到強烈的不滿。相對的，如果買回來的原子筆比想像的還要滑順好寫，不但會感到很滿意，同時還想推薦周圍的人也去買。

　　以原子筆來說，以下兩者兼備才是消費者心目中的好品質。
1. 當然品質是：
   書寫順暢，不斷水，不斷芯等
2. 魅力品質是：
   藝術氣息，有美工的功能等。

　　前者墨水出不來的情形是「當然的品質」出了問題，後者想推薦給其他人的情形是「魅力的品質」做得成功。這兩者常會被混淆，產生爭議而引起混亂，但若就品質的組成立場來看，其著手方式通常是差異相當大的。

　　以過去許多引進 TQM 的企業例子來判斷，在剛引進的時候，都以當然的品質問題為主要挑戰對象，漸漸的再把精神貫注在魅力的品質問題，這樣的作法似乎比較能順利進行。這種過程與棒球等運動中的防守與攻擊的關係很相似。

知識補充站

品管小故事大啓示

有位客人到某人家裡做客，看見主人家的灶上煙囪是直的，旁邊又有很多木材。客人告訴主人說，煙囪要改曲，木材需移去，否則將來可能會有火災，主人聽了沒有多久，家裡果然失火，四周的鄰居趕緊跑來救火，最後火被撲滅了，於是主人烹羊宰牛，宴請四鄰，以酬謝他們救火的功勞，但並沒有請當初建議他將木材移走，煙囪改曲的人。有人對主人說：「如果當初聽了那位先生的話，今天也不用準備筵席，而且沒有火災的損失，現在論功行賞，原先給你建議的人沒有被感恩，而救火的人卻是座上客，真是很奇怪的事呢！」主人頓時省悟，趕緊去邀請當初給予建議的那個客人來吃酒。

此則故事告訴我們，預防重於救火。客人告訴主人需要「曲突」和「徙薪」，其實就是告訴主人需要預防火災的出現，因為「直突」和「薪」是產生火災的重大隱患。只有去除火災的根源，才能預防火災的出現。不僅需要提出預防措施，而且要更進一步地跟蹤改善措施的有效完成。

事後控制不如事中控制，事中控制不如事前控制。事前控制就是要做好預防，俗話說：「預防重於治療」，英文也有諺語：「An ounce of prevention is worth a pound of cure.」

1-6 品質保證的精神

後工程就是顧客！→先解決自己部門的問題

　　為了以本章最前頭所敘述的觀念來實現品質，應該實踐什麼樣的活動才好呢？這是一個問題的所在。由於「使用者的滿足」是品質的定義，所以若以品質的角度來看，工廠內與使用者最接近的地方就是出貨檢查負責部門，所以不管什麼地方都會出現，只要做好嚴格的產品檢查即可的想法。但是，這種想法要在以下三個前提都成立條件下才具效用，即，

1. 檢查必須進行得沒有任何誤失。
2. 檢查必須能夠確認所有的機能、可靠性。
3. 確認的項目、方法、基準必須與使用的一致。

　　這三項前提都要完全成立是非常罕見的。況且作出不良品再經由檢查檢出之後，再施與修理也是需要很高的成本的。

　　如果無法以出貨檢查來做保證的話，那麼要怎麼做才好呢？接著經常出現的觀念是「品質是全員的責任（Quality is everybody's responsibility）」。

> 　　如果無法以出貨檢查來做保證的話，那麼要怎麼做才好呢？接著出現的觀念是「品質是全員的責任（Quality is everybody's responsibility）」！

　　「後工程就是顧客」是為突破這種狀況而產生的一個想法。不管什麼樣的產品、服務或是工程，要完成一個整體性的工作，必須經歷很多的工程才行。

　　上述的想法是要每一個工程把自己的後工程都當作顧客，就像設法讓顧客滿足一樣，把好的成果提供給自己後面的工程。

　　換句話說，這種想法是把產品品質觀念中的製造者與使用者（顧客）的關係，運用在自己的工程與後續工程的關係上，以水平思考的方式來進行日常的作業。像製造者在掌握自己給使用者帶來多大困擾（即讓抱怨等顯現化並加以掌握）一樣，自己的工程對於帶給後續工程的不便，設法使之顯現化並加以掌握。這種想法很容易理解，任何人都可以接受，但是在實際引進 TQM 時，卻是最困難的原理。許多未引進 TQM 的工作單位都會有一種理所當然的想法，那就是他們認為「後續的工程只會專門找我們的碴」。要解決這種狀況，經營者、管理者的角色可以說極為重要。

> 　　「後工程是顧客」此即要每一個工程把自己的後工程都當作顧客，就像對待一般的顧客一樣設法讓顧客滿足，把好的成果提供給後方的工程。

1-7 從狹義的品質到廣義的品質與社會的品質

1. 狹義的品質與廣義的品質

> 從產品品質→工作品質→經營品質

　　企業引進 TQM 時，對品質的定義方法各自不同，但如果將之大致分類的話，可分為以「產品品質」為限定範圍的品質，或以整個「質」作為問題提出二種。以前者的立場來說，收音機製造者就是以收音機的質、汽車生產者是以汽車的質為其問題。以後者的立場來說的話，教育的質、銷售的質、窗口業務的質、服務台受理顧客的質等包括很廣，一般這些都當作「工作的質」來考慮。

　　在以 TQM 為旗幟實施品質的情況下，正如前面述及其發展歷史之處所說的，一般都是以包含業務的質在內的廣義品質來考慮。而關於業務的質，如 1-3 節圖 1-2 所示，有傳統（古典）的想法與近代的想法兩種相互對應的觀念存在。

　　第 1 種觀念是試圖以對各業務規定（例如○○業務要領、○○作業標準）等的遵守程度來看質的好壞。第 2 種觀念是以業務的實施結果對達成該業務目的的貢獻程度，來看它的質的好壞。第一種觀念簡單的說就是「只要照著指示去做就可以了」。如果徹底循這個觀念，那麼即使所賦予的標準與目的的達成不相配，可是只要按照標準去實施的話，就算是執行了良好品質的業務了。我們執行業務的目的無非是要達成某個目的，所以這種觀念不能算是實施真正的高品質業務。

　　TQM 裡所說的業務的質，當然是要以這樣的觀念為立足才行。但是第 2 個觀念並不表示不需要標準的意思。它所強調的是評價業務質結果時，與目的做一對照，如果發現有什麼地方與目的相左的話，就應該究明其原因，是因為未遵守標準呢？還是標準本身有問題？將原因釐清。換句話說，它與只以結果為重點的結果主義是不同的，這一點希望各位能嚴格地加以區分。

　　這裡還有一點要強調的是我們可以在提高生產力、降低成本等多重目的之下實施TQM，這並不會造成什麼妨害，但是要特別留意的是不能因此而輕忽了產品的品質。

2.社會的品質

只有使用者的滿意是不夠的！

1960 年代後期開始逐漸有產品公害的問題產生，汽車所排放的廢氣、家電產品所形成的廢鐵等等都是其代表性問題，這也使得在過去的品質觀念之外，不得不追加新的觀念。換句話說，過去的品質所討論的是製造者與使用者的關係，但是這類公害的發生已經顯示製造者只讓使用者滿足還是不夠的。在使消費者滿意的同時，其設計、生產及銷售等各項活動還必須不能給第 3 者（社會大眾）帶來不便、麻煩。因日照權的問題成爲建設居民運動的問題也可視爲這一類的事件。

以這樣的觀點所討論的品質，亦可稱之爲「社會的品質」。

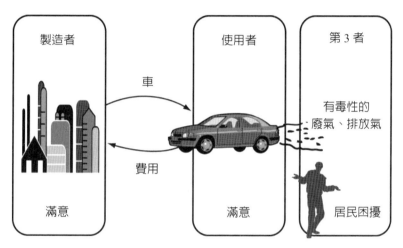

圖 1-3　社會的品質（帶給第三者的麻煩）的抬頭

知識補充站

品管小故事大啓示

有一天動物園管理員們發現袋鼠從籠子裡跑出來了，於是開會討論，一致認爲是籠子的高度過低。所以它們決定將籠子的高度由原來的十公尺加高到二十公尺。結果第二天他們發現袋鼠還是跑到外面來，所以他們又決定再將高度加高到三十公尺。沒想到隔天居然又看到袋鼠全跑到外面，於是管理員們大爲緊張，決定一不做二不休，將籠子的高度加高到一百公尺。

一天長頸鹿和幾隻袋鼠們在閒聊，「你們看，這些人會不會再繼續加高你們的籠子？」長頸鹿問。

「很難說。」袋鼠說：「如果他們再繼續忘記關門的話！」

對症下藥才能藥到病除。只知道有問題，卻不能抓住問題的核心和根基。這是很多品質問題重複出現的主要原因，要善於從人、機、料、法、環五大因素中找出主要的決定性的因素，才能有效的解決問題。

1-8 品質與周邊技術的關聯

　　要實現前面談到的這種意義的品質需要有必要的技術與學問，圖 1-4 中所表示者，即為支撐各種產品的固有技術及以 QC 技術為中心的周邊技術。今後，與周邊技術的融合變得愈來愈重要。尤其是今後所追求的品質，所意味的必然是多品種化，要實現這種品質，有彈性、能變通的生產管理也就顯得愈加不可或缺了。

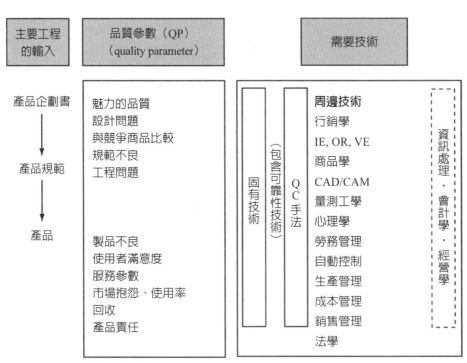

圖 1-4　品質的支柱與需要技術

知識補充站

品管小故事大啓示

　　這是一個發生在第二次世界大戰中期，美國空軍和降落傘製造商之間的真實故事。在當時，降落傘的安全度不夠完美，即使經過廠商努力的改善，使得降落傘製造商生產的降落傘的良品率已經達到了 99.9%，應該說這個良品率即使現在許多企業也很難達到。但是美國空軍卻對此公司卻說「NO」，他們要求所交降落傘的良品率必須達到 100%。於是降落傘製造商的總經理便去向飛行大隊商討此事，看是否能夠降低這個水準？因為廠商認為，能夠達到這個程度已接近完美了，沒有什麼必要再改。當然美國空軍一口回絕，因為品質沒有折扣。後來，軍方要求改變檢查品質的方法。那就是從廠商前一週交貨的降落傘中，隨機挑出一個，讓廠商負責人裝備上身後，親自從飛行中的機身跳下。這個方法實施後，不良率立刻變成零。

　　無論是工作標準還是產品標準，我們都要向 100% 合格努力，99% 還是不夠好。在品質問題上我們沒有折扣可打，不符合標準就是不符合標準，沒有任何討價還價的餘地。你對品質上打折扣，客戶也會對你打折扣的！我們決不向不符合要求的情形妥協，我們要極力預防錯誤的發生，這就是「零缺陷」。

1-9 品質成本概念(1)

　　1950 年代中，品管部門發現不能再以統計作爲工具，必須另起爐灶以一種全新的管理語言「品質成本」作爲推銷品管的工具。品質成本起源於「Gold Mine」的觀念，被定義成「可避免的品質總成本」，它所蘊含的意義是因失敗而產生的成本，如同礦藏的黃金是值得開採的。而品質成本在品管大師費根堡（Armond Vallin Feigenbaum）的分析下呈現了一個相當完整的面貌。他認爲品質成本等於「維持某種品質水準所發生的支出，再加上未達到這個水準所發生的成本」。品質成本的圖形請參圖 1-5。

　　品質成本的細部內容整理如下：

1. **預防成本**：保持失敗成本和評鑑成本爲最低的費用。細部分類如下：
   (1) 品質計畫：全面品管、檢驗計畫、各種手冊、資料系統、溝通協調等。
   (2) 新產品審查：新設計評估、測試準備、試作計畫、其他推行新設計之品質活動等。
   (3) 製程管制：爲了達成預定的品質水準所進行的製程管制。
   (4) 資料取得與分析：爲使品質資料系統得以運作，所需取得之連續資料、分析辨識問題。
   (5) 品質報告：收集及公布品質資料給各階層人員。
   (6) 改善計畫：爲提升品質績效所進行之計畫。

2. **評鑑成本**：爲了掌握某種產品的情況所產生的成本。細部分類如下：
   (1) 進料檢驗：決定供應商產品品質的成本，不管是在進料處或是供應商處實施檢驗均包括在內。
   (2) 檢驗和測試：在公司內部對通過製程的產品所作之檢驗，包括製程、最終、出貨等。
   (3) 量測具維護：使量測具保持在校正狀態下的操作費用。
   (4) 材料及服務耗損：破壞性測試之材料耗損以及服務（電力）等費用。
   (5) 庫存評估：產品儲存於現場的測試費用，或因儲存而產生劣化之評估費用。

3. **內部失敗成本**：如果產品在運交客戶之前無不良，此類成本應消失者。細部分類如下：
   (1) 報廢：產品故障無法經由經濟地修復或使用，所導致的人工及材料的淨損失。
   (2) 重工或再製：糾正缺點使其適用的成本。亦泛指為修復某常發生缺陷而增加之成本。
   (3) 再測試：經再製或其他修復後，產品之重檢或再測試之成本。
   (4) 停工：因故障而導致設備停滯的成本。
   (5) 生產損失：因製程而使生產減少之成本。包括量具不良，致使容器過載之損失。
   (6) 處置：決定不良品能否使用以及最後處理所需之付出。

4. **外部失敗成本**：若無不良品，則無此項成本。和內部失敗最大差別在，送至客戶之後。細部分類如下：
   (1) 抱怨處理：因產品故障或安裝不良所引起之抱怨，對其加以調查、調整所生之成本。
   (2) 退回材料：由現場退回不良品之接收及替換所衍生的一切成本。
   (3) 保證費用：在保證期間內，對客戶服務的一切成本。
   (4) 補助：因客戶接受次級品而在價格上的折讓，銷售進料之降級損失等。

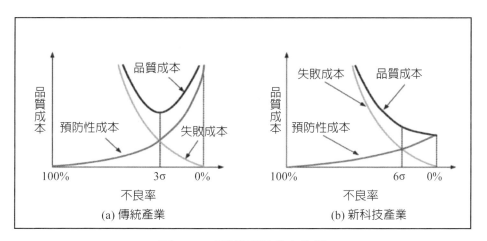

圖 1-5　最適品質成本曲線

1-10 品質成本概念(2)

品質成本表是根據企業管理的需要，按照品質成本項目計算企業實際發生的品質成本，用以反映、分析和考核一定時期內，品質成本、預算執行情況的內部成本報表，反映的內容包括：失敗成本、評鑑成本和預防成本。

表 1-1　品質成本表

類別	項目	預算控制數 ①	實際數 ②	差異	
				金額 ③＝②－①	% ④＝③÷①
內部失敗成本	1. 不合格品返修費				
	2. 返修產品複檢費				
	3. 廢品損失				
	4. 品質事故造成停工損失費用				
	5. 降級損失				
	小計				
外部失敗成本	1. 折價損失				
	2. 賠償費用				
	3. 保修費用				
	4. 保管費用				
	5. 退貨損失				
	小計				
評鑑成本	1. 進料檢驗費				
	2. 工序檢查費				
	3. 產品檢驗費				
	4. 檢測手段維護費				
	小計				
預防成本	1. 品質管理培訓費				
	2. 品質管理活動費				
	3. 品質管理文件制定費				
	4. 品質改進措施費				
	小計				
品質成本合計					
本期產品生產總成本					
品質成本率（百元）					

　　失敗成本其實是一座金鑛，有待開採。很多時候，解決問題就像「救火」，自然屬於「又重要又緊急的」第一優先，這是可以理解的，但是若沒有檢討「失火」的背景與原因，不能以「前事不忘後事之師」的思維而採取「亡羊補牢」的措施，將來仍然不斷地救火了。

　　企業開源節流是天經地義的事情。「開源」有時不易，遇到世界經濟衰退之際，更是如此。然而「節流」卻是可以也是必需的，認眞地執行節流，因爲它省下來的就是利潤，節流不是容易的事情，需要智慧與策略，胡亂地節流，往往造成公司元氣大傷，扼殺了公司重振雄風的生機。

朱蘭博士（Joseph M. Juran）對品質成本指標，建議可以下列作爲指標。
· 品質總成本／總營業額
· 品質總成本／總利潤
· 品質總成本／普通股股份
· 品質總成本／銷售總成本
· 品質總成本／製造總成本
· 品質總成本／損益平衡點

Note

第2章
管理的想法

2-1 管理的循環

　　在品質管理中所謂管理是指以持續方式有效率地達成某個目的所需要的一切活動而言。爲達成目的，需要訂定計畫（Plan）、付諸實行（Do）、進行確認（Check）、並採取修正處理（Act）等四項機能。這裡所說的 Plan、Do、Check、Act，簡稱 PDCA，稱爲「管理循環」。

　　管理的循環可以活用在各種階段。其中的一種活用法是在決定一個新工作的管理方法時，使所需的計畫（P）包括目的、目標、作業標準、表單等明確，然後根據該計畫實施（D），再將實施結果與計畫做對照比較進行確認（C），如果發現與計畫之間出現差距，則就其差異進行解析、採取對策（A），事前將這些工作當作一貫性的體制準備著。

　　另外一種使用方式是當某些問題發生時，在該問題發生的工程裡，先看看作業是依照作業標準（P）實施（D）才發生問題？還是以異於作業標準（P）的方法實施（D）才發生的，對此進行確認（C）以便採取對策（A）。前者因作業標準（P）有問題，所以必須針對 P 進行解析；至於後者究竟是實施上出問題呢？還是作業標準無法實施呢？必須先明確區別以便解析。

　　管理＝達成目的的一切活動。

　　爲達成目的，需要訂定計畫（Plan）、付諸實行（Do）、進行確認（Check）、並採取修正處理（Act）等四項機能。這裡所說的 Plan、Do、Check、Act，簡稱 PDCA，稱爲「管理循環」，因爲是戴明提出來的想法也稱爲戴明循環。

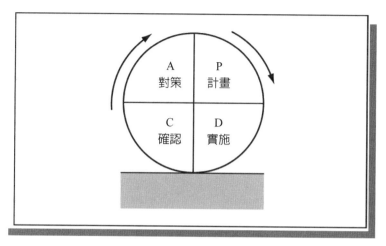

圖 2-1　管理循環

　　不只是企業活動才需要管理，個人生活也需要有管理活動。例如買自己的房子或孩子的教育等都是需要管理的。

　　關於管理還有一個要注意的地方是全面品質管理（Total Quality Management，簡稱TQM）裡所說的「管理」與管理學所說的「管理」有所不同。在過去的經營領域裡所說的管理都被認爲是管理者的行爲，一般都認爲從業人員只要服從管理者的命令就行了。然而 TQM 裡所說的管理則不限於管理者，包括一般從業人員在內，爲達成目的的一切活動都是管理的範圍。這一點與過去經營學裡所說的管理，在意義上是不同的。在 TQM 的引進時期，對於這一點必須充分留意才行。

　　後面我們將學習的品管圈等，就是在這樣的觀念下成立的。

> 　　管理學中的管理是在特定的環境下，對組織所擁有的資源進行有效的計畫、組織、領導和控制，以便達成既定的組織目標的過程。在英語的用詞中管理的英文是 manage（動詞）、management（名詞），management 既可表示管理，也可以表示管理者。

2-2 標準化是活的

　　根據 2009 年 7 月 29 日所修訂公布的 CNS 13606（2004 年第 8 版 ISO Guide 2），定義「標準（standard）」為「經由共識所建立且由某一認可的機構核准，提供共同與重複使用於各項活動或其結果有關的規則、指導綱要或特性所建立之文件，期使在某一特定情況下獲致秩序的最適程度。標準的制定需依據科學、技術及經驗的統合結果，其目的在促進社群的最適利益」。標準化（standardization）則定義為「在一定的範疇內，針對實際或潛在的問題，建立共同而重複使用的條款之活動，以期達成秩序的最適程度。此標準化活動，特別包括標準之制定、發行及實施等過程，其主要利益是改進產品、過程及服務之適切性，以達成預期目的，防止貿易障礙，並促進技術合作」。

　　標準化也是管理循環中的計畫（plan）階段的活動。以下是此標準化的一些觀念。「來自同樣的過程，產生的結果也會大致相同。想要持續獲得期待目標的結果，必須尋求能獲得這樣結果的過程條件（過程的解析），把能獲得這些結果的條件明確記述成過程（程序、方法、資材、機械等）（標準的製訂），然後依照該記述之內容實行即可（標準的實施）。」

　　本節的標題是「活的」標準化，一旦加上了這個修飾語，下述的步驟 (1)～(3) 就很容易變成主要部分，步驟 (9) 以實績為依據修訂標準一項反而被等閒視之，這一點必須特別戒慎。另外，標準化亦具有防止再發的抑制效用，關於這點接下來的部分將會述及。

　　有些部門會對標準化表示抗拒。例如銷售部門裡就常可以見到這種例子。調查原因之下，原來大家誤以為所謂標準化就製造現場的作業標準一樣，一舉手一投足都要程序化，但是銷售階段裡的促銷方式是因人而異的，所以有人就認為很難引進這種體制。銷售階段的標準化並不代表一定要有嚴密的程序化。例如對上述流程中各階段的重要事項、留意事項加以規定，這也是標準化。此外如果對標準化這樣用語有排斥的話，也可以採用手冊化的說法，這是不會造成什麼妨礙的。

標準化的步驟如下：

1. 過程解析 ⎫
2. 決定程序 ⎬ 標準之製訂 ◄────────────────┐
3. 將程序文書化 ⎭   │
4. 整備所需的資材、機械 ⎫   │
5. 教育訓練 ⎬ 標準的實施   │
6. 實施 ⎭ ◄──────┐   │
7. 確認實績與標準   │   │
8. 沒問題的話，再回到 (6) ─┘   │
9. 若有問題的話，則針對標準、實績的差異進行解析。必要的話採取修訂標準
   的措施。這裡所說的措施行動並不是追究實施責任，多半指標準的修訂等在
   內。 ──────────────────────────────────┘

　　爲什麼要進行工作流程的標準化
呢？常有人會覺得麻煩，會覺得說我們
公司還小，有需要去進行這種似乎是大
公司才要去做的事情嗎？
　　其實不然，標準化流程的製作，公
司愈小愈好做，公司愈小愈有利。因爲
小，所以流程就會少，等到建立起習慣
之後，隨著公司的擴大，流程再逐步增
加上去，就變得順理成章，方便多了。

2-3 「異常」的處理

Action = 應急對策 + 防止再發對策

　　管理循環中最具特徵的地方是其中的對策（A）部分。對策分為「應急對策」與「防止再發對策」二種，應急對策只能去除現象，防止再發對策則必須將原因去除。管理循環中所說的採取對策，光是應急對策是不夠的，要做到防止再發才能算是真正的採取對策。圖 2-2 中以流行感冒為例來說明這個道理。第一階段中的阿斯匹林是除去發燒的現象，所以是屬於應急對策，若真的要防止再發，必須做到除去原因的第二個階段。

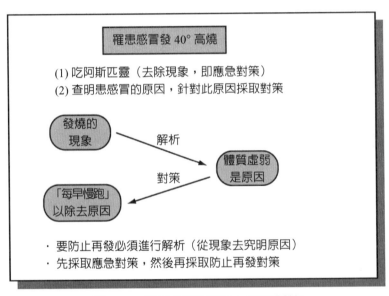

　　　　　　　罹患感冒發 40° 高燒

(1) 吃阿斯匹靈（去除現象，即應急對策）
(2) 查明患感冒的原因，針對此原因採取對策

發燒的現象　　　解析　　　　體質虛弱是原因

「每早慢跑」以除去原因　　　對策

・要防止再發必須進行解析（從現象去究明原因）
・先採取應急對策，然後再採取防止再發對策

圖 2-2　應急對策與防止再發對策

　　不管是生產或銷售，現場所採行的對策常常只止於應急對策，很容易把防止再發對策忘記。以銷售階段的例子來說，下列這類例子可說屢見不鮮。

1. 由於本月的銷售量未達到目標，所以找幾家平常比較熟的店，想辦法請他們多惠顧一些，才算安下心來。（對於爲何不能達到目標並未加以追究，這樣下去，下個月同樣的情形還是會再發生）
2. 某個物品已經缺貨，所以從附近的營業所設法調貨過來才渡過緊急的狀況。（對於爲何缺貨未加解析）
3. 由於某店即將倒閉，故迅速前往將自己公司的產品撤回，成功地保住了債權。（爲何產品一直放到對方要倒閉了才採取動作？）
4. 因爲有很多客人抱怨品質、大發雷霆，故迅速前往道歉。（爲什麼會讓品質抱怨問題發生？）
5. 盤點時發現帳目與現貨不合，故調出傳票以核對帳目。（爲何帳目會不合？）
6. 某零售店的退貨增加，所以本月開始不再接受其退貨。（爲什麼退貨會增加呢？）

　　以上這些例子所採取的都是應急對策。如果有心想要防止這些現象再次發生的話，必須分析其原因，針對原因採取對策。如果老是說「這個道理是懂的，但太忙了沒有時間」的話，那麼改善企業的體質永遠只是望梅止渴罷了。

　　這裡有一點要注意的是，不能因爲 TQM 是以防止再發生爲取向就輕視了應急對策。我們提出批評的是不能光以應急對策做爲徹底解決事情的對策，至於迅速且適切地採取應急對策仍然是很重要的。

品質異常時：
1. 確定異常發生的狀況。
2. 評估異常的風險與抑止。
3. 原因分析與確認原因。
4. 擬定改善行動及確認效果。

2-4 過程管理──品質的形成(1)

品質是在製程（過程）中形成的，光靠檢查無法達成品質！

1.檢查的問題點

我們常可以看到這類廣告：「本公司產品檢驗嚴格，敬請安心購買」。此外，消費者在對製造者追究瑕疵產品責任時，也多半集中在檢查一項上。

靠檢查是否真的能製造出品質良好的東西呢？

「的」這個字的檢查──隨便那一本書都可，請任意翻開其中一頁，數數看裡面有幾個「的」的數目。正確答案是 39 字，但結果有七成的人回答是 20 字到 30 字，答對者僅有 3 人。

我們把這個例子中的頁當做「批」來想，其中的文字是產品，「的」這個字是不良品。假設現在對這個由 1,100 個產品組成的批進行全數檢查，結果不良品有 39 個，但大部分的檢查人員只能發現 30 個左右。由這個例子可以顯示即使是進行全數檢查，還是很難將不良完全檢查出來，其他任何檢查也都是如此情形。

另外，即使引進自動檢查機器，它和人類一樣也不是容易將所有的不良都找出來。多數的自動檢查機器都是由不良品檢出構造與不良品除去構造所構成。檢出的構造多依據電氣或光學原理，故其可靠性很高，但此檢出構造中的產品投入與去除不良品的構造是由機械做成的，既會有錯誤的動作，故障也不少。因此，即使是引進自動檢查機器，還是無法使出貨的物品都是百分之百的良品。所以不管是由人類或是機器來做，原則上「要靠檢查發現所有的不良品並除去之是很困難的」，這一點是我們必須要了解的。

2.從檢查到過程管理

現在我們像圖 2-3 一樣，將 QC 的發展分為三階段來考慮。首先第一階段可以稱為「無管制狀態的工廠」，換句話說它雖有生產，但並沒有對品質做任何檢查就逕行出貨的階段（這樣的工廠在開發中國家目前仍然可見）。這種情形會讓買到不良品的消費者抱怨蜂湧而至。工廠的狀況就好像一個人得了流行性感冒，開始出現發燒的症狀。

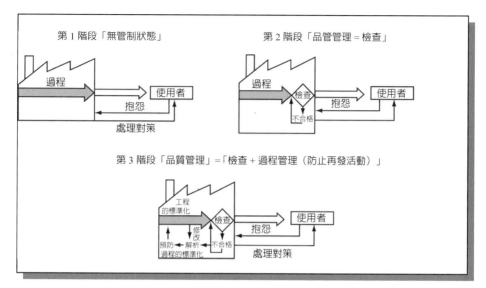

圖 2-3　從檢查到過程管理

　　檢查及對這些有瑕疵的不良品採取處理，相當於阿斯匹靈劑對高燒所產生的功用。因此，在第二階段引進了檢查。但是所謂檢查只是將良品與不良品混在一起的產品加以篩選而已。就算對今天的批進行了檢查，這並不表示對明天的批可以有任何的保證。另外，對已產生的不良品必須有一些處理。在這種狀況之下，自然會讓人理解並非做了不良品之後再做篩選、重修，而是應該想辦法在一開始就不要讓不良品產生。

　　因此便有第三個階段，也就是針對過程採取防止再發的預防活動。想要做好預防，對於究明原因的解析方法、過程管理的方法等，都有必要加以理解。

3. 品質應於過程中形成

　　綜合上面敘述的 1、2 兩點，相信大家一定可以理解要達成品質，應將重點放在製造的過程上，在此徹底達成所規定的品質水準。在本章的一開頭我們也提及「所謂管理是以持續、有效率的方式達成目的」，以檢查為中心的主義無法持續且有效率地達成所要的品質水準。換句話說，檢查及對檢查出來的不良品採取重修等處理，只能算是應急對策。

2-4 過程管理──品質的形成(2)

　　想要以持續且有效率的方式達成品質水準，應具體針對爲何產生不良品的原因進行解析，從製造產品的過程中去找出眞正的原因，針對這個原因採取對策並確認其效果，最後再加以標準化。所謂「在過程中形成品質」就是指進行這些活動而言。再者，這裡說到的對過程的眞正原因採取對策，是指防止再發生的對策。這裡有一點特別需要強調的是，要採取這樣的防止再發對策，從現象去究明原因的解析是相當重要的。這一點與靠檢查去保證品質的情形是不同的。TQM 的各階段都極爲重視統計手法，這是因爲統計手法是一種很有效用的解析方法。

　　捨去「以檢查來篩選品質」的觀念，貫徹「在過程中形成品質」的想法是日本品質革命成功的最大重點。

4.不可輕視檢查工作

　　這裡有一點希望注意的是，雖然我們一再強調「在過程中形成品質」的重要，但絕不能因此就輕忽了檢查的工作。尤其是標準作業未明確規定的生產過程，檢查工作更是不能掉以輕心。這就好比感冒時的鍛練身體與阿斯匹靈的作用。高燒到 40℃的人首先應讓他服用阿斯匹靈以解熱，同樣的對於一個不良頻發的生產過程，利用檢查使不良品儘量不要出貨，也是暫時的權宜之計，先這樣做之後再設法改善過程，貫徹過程中形成品質。

經濟部於七十九年推廣的廣告標語中有一則標語寫的是「品質看得見，過程是關鍵」，這句話說明好的品質是在過程中形成的，同時好的品質是有目共睹的。

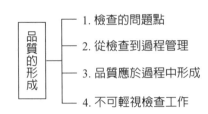

品質的形成
- 1. 檢查的問題點
- 2. 從檢查到過程管理
- 3. 品質應於過程中形成
- 4. 不可輕視檢查工作

知識補充站

品管小故事大啓示

　　豐田汽車公司前副社長大野耐一曾舉了一個例子來找出停機的真正原因。有一次，大野耐一在生產線上的機器總是停轉，雖然修過多次但仍不見好轉。於是，大野耐一與工人進行了以下的問答：

　　問：「為什麼機器停了？」

　　答：「因為超過了負荷，保險絲就斷了。」

　　問：「為什麼超負荷呢？」

　　答：「因為軸承的潤滑不夠。」

　　問：「為什麼潤滑不夠？」

　　答：「因為潤滑泵吸不上油來。」

　　問：「為什麼吸不上油來？」

　　答：「因為油泵軸磨損、鬆動了。」

　　問：「為什麼磨損了呢？」

　　再答：「因為沒有安裝過濾器，混進了鐵屑等雜質。」

　　經過連續五次不停地問「為什麼」，找到問題的真正原因和解決的方法，在油泵軸上安裝過濾器。

　　同樣的問題接而連三的發生，我們整天疲於奔命，四處救火。由於我們缺乏改善意識，或未能刨根問底，錯失了許多改善的機會，以至問題愈解決愈多，所以我們需避免表面現象，而深入系統根本原因，也可避免其他問題。

2-5 用於工作上的質

在業務品質的管理上，過程管理也是非常重要的！

　　前項中敘及的觀念未必只適用於製造部門。由於電腦的引進及辦公室的自動化（OA）等省力化的影響，提高非製造部門（像事務部門等）的品質也愈來愈有其必要。例如一個小小的記錄失誤就可能造成波及整個公司的問題。如果問說要如何減少這一類的失誤，相信馬上有人會提出意見說「加強確認工作」。但是光靠確認真的有辦法減少失誤嗎？若要以加強確認來減少失誤的話，必須進行多重的確認，但即使投注這麼多勞力，還是無法完全防其發生。

　　不管怎麼說，確認工作雖然是重要的應急對策，但是失誤多半有其一定的型態，所以有必要利用分類將失誤的型態加以分類，針對失誤為什麼會產生及其過程進行解析，將原因追查出來，然後再針對原因採取處理對策。只靠加強確認工作或個人的留心是不會有太大效果的，這個道理也可從最近十年之間交通事故的減少得到佐證。如圖 2-4 所示，和提升品質一樣，國內在交通安全方面也有顯著的成果，但是這些成果是否只靠加強取締與司機個人的注意力即可達成呢？在交通設施方面有很多制度上的改善。在這些實施的對策當中，我們不可忽視的是，對事故都曾做過徹底的解析。

　　工作能否順利達成，關鍵在於過程有無制定良好的計畫，有無照計畫實施，若有偏差，有無察覺並找出原因，再採取修正行動。

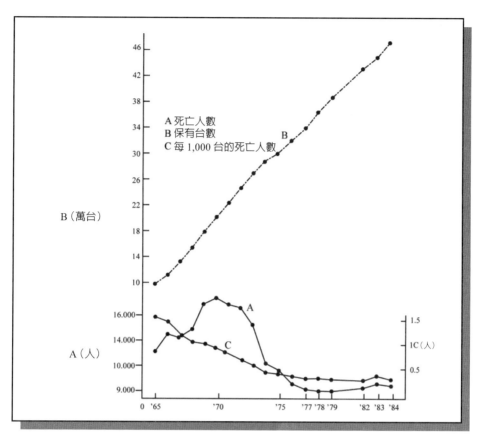

圖 2-4　交通事故死傷者的變遷（交通安全白板書）

2-6 過程管理

比較原因系數據與結果系數據

　以這樣的觀念採行防止再對策時，最重要的第一個步驟是將「原因系的數據」與「結果系的數據」做一對照比較，以查明主要的原因。

　想要有效且有效率地進行此步驟，下面二點是關鍵重點。

1. 原因系與結果系的數據跨越存在於不同的二個部門時，例如：
   ・新產品的開發是由技術部門負責進行，所以開發的相關數據資料存在於技術部門，但其結果系的數據－製造的品質、市場品質、銷售業績等卻不在技術部門裡，而是在製造部門或營業部門。
   ・對量產管理影響重大的需求預測是由營業部門負責進行，但其結果卻會波及製造部門。

2. 雖然了解解析的必要性，但日常業務太繁忙以致沒有時間著手進行。

　關於上述的第 1 項必須加強兩個部門之間的連繫。另外，第 2 項的時間問題必須挪出時間，例如規定每個星期五下午三點以後的時間為解析的時間等。如果這點無法明確，光是高聲呼籲 TQM，恐怕也不會有什麼進展。

　　發現「結果」以及形成結果的「原因」之間的關係非常重要。數據分析的過程就是不斷的提出假設、驗證假設的過程。

　　通常原因系數據存在於前工程中，而結果系數據存在於後工程中。原因系數據與結果系數據若存在於不同的二個部門時，必須加強兩個部門之間的連繫，同時兩部門必須設法為分析而挪出時間。

知識補充站

品管小故事大啓示

　　三隻老鼠一同去偷油喝，到了油缸邊一看，油缸裡的油只有底下一點點，並且缸身太高，誰也喝不到。於是它們想出辦法，一個咬著另一個的尾巴吊下去喝。第一隻喝飽了，上來，再吊第二隻下去喝……並且發誓，誰也不許存半點私心。

　　第一隻老鼠最先吊下去喝，它在下面想：「油只有這麼一點點，今天總算我幸運，可以喝一個飽。」

　　第二隻老鼠在中間想：「下面的油是有限的，假如讓它喝完了，我還有什麼可喝的呢？還是放了它，自己跳下去喝吧！」

　　第三隻老鼠在上麵缸邊想：「油很少，等它倆喝飽，還有我的份嗎？不如早點放了它們，自己跳下去喝吧！」

　　於是，第二隻放了第一隻的尾巴，第三隻放了第二隻的尾巴，都自顧自地搶先跳下去，結果它們都落在油缸裡，永遠逃不出來了。

　　其實，在平時我們的工作和生活中，只有懂得合作才能把事情做好。就像上述的三隻老鼠，如果它們懂得合作的重要性，就不會有最後的結果。生活中很多事情也是這樣，而且合作也是一項技能，只有大家齊心協力才能完成，只要有一個人不去努力，合作就是一件不可能的事情。

Note

第3章
事實的管理

3-1 以事實為依據的管理和事實與數據之間的偏差

1.以事實為依據的管理

> 擺脫以經驗、直覺、膽識（KKD）爲依據的管理！

　　所謂事實管制（Fact control）是指「以事實（數據）爲根據、訂定計畫（下決定）、付諸實施（行動）、確認、採取對策，以長期且有效地達成目的」。非依據事實之管理則是依賴經驗（Keiken）、直覺（Kankaku）、膽識（Dokyo），簡稱 KKD，進行管理的作法。事實管理乃全面品管的歷史出發點，關於這一點，只要我們回想一下品管是從統計性品質管制（SQC）出發的，應該就不難理解。另外，TQM 被稱爲科學的管理也是指這點而言。許多從 KKD 管理轉型爲事實管理的工作單位都有這樣的體驗，那就是「事實比小說還要神奇」。

> 　　在找出問題的要因時多半依賴 KKD。但是，找出來的要因只能當作假設而不是結論。儘可能收集數據，以事實來整理問題，但碰到只靠事實無法進行判斷的情形，則主張利用 KKD 來處理。但是，只有收集數據不能算是事實管理！

　　但是，這裡有一點要注意的是，全面品管並沒有完全否定 KKD，甚至還認爲這是非常重要的活動要素。以下我們再對 KKD 的觀念做進一步詳細的介紹。

1. 全面品管中調查事實（數據）就可眞相大白的事，不能再用 KKD 去做甲論乙駁（翻案）。
2. 儘可能以事實來整理問題，但碰到只靠事實無法進行判斷的情形，例如對將來的預測等，則主張利用 KKD 來處理。
3. 在找出問題的要因時多半依賴 KKD。但是，找出來的要因只能當作假設而不是結論。要提出結論必須靠事實（數據）來檢證假設（註：這裡並不是主張以數據資料去確認那些已經瞭若指掌的事）。不過，從很多事例中我們會發現，許多我們自以爲瞭若指掌的地方，常常會有意想不到的陷阱（盲點）。不以數據加以確認而引起事端時，對這點就要有相當的覺悟。
　　記住，只有收集數據不能算是事實管理！

2.事實與數據之間的偏差

要注意顯在的不良與潛在的不良！

　　一般在品質管理做得不是很徹底的現場，就算它有收集品質抱怨、問題事件、不良等數據，這些數據所顯示的內容多半也只是冰山的一角罷了（如圖 3-1），這點必須特別留意。因此，在推進品質管理時，常因潛在抱怨、問題及不良等反而有增多的情形。想要減少問題的件數，卻沒有使潛在的問題表面化（顯在化），這樣的作法與品質管理的目的──「滿足顧客」是相去甚遠的，這一點也應該多加注意。

　　我們曾經問過一位即將引進品質管理的某製造商的社長：「貴公司每個月大約有幾件顧客抱怨問題發生？」他說：「每個月平均 20～30 件左右」。與每個月所生產的200 萬個產品相比較，這個數目可說相當的少。但是當我們調查他們客訴資訊的收集體制時，才發現從零售店階段到營業所階段回來的所有品質抱怨，都被當作營業抱怨問題，以簡單的處理手續處理掉了。

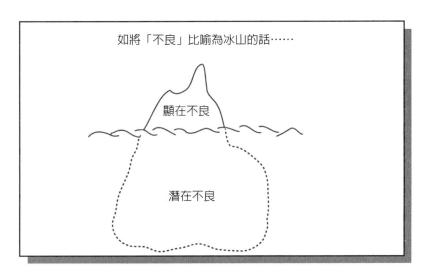

圖 3-1　顯在不良與潛在不良

3-2 統計的發想(1)

承認偏差的存在與將異常值放逐！

　　或許很多人會認為同樣原料、同樣的人及同樣的設備、方法下，所做出來的東西其品質，例如機能、性能、尺寸等，應該會完全相同。但是，現實告訴我們的是「結果一定會有偏差」。當然，這個偏差有大有小，但是偏差是無法避免的現象，也說明了「相同」這句話的意義在嚴密性上有問題。換句話說，所謂的相同是相同到什麼程度。別談理論的世界，就是實務的世界裡也不存在完全相同的事物。結果一定會有某些地方不同的。在這樣的情況之下，最重要的是我們不能因為所面對的事物在某種特性上有偏差現象，就受其左右。要以認同偏差本來就存在的態度去處理（請參照圖3-2）。

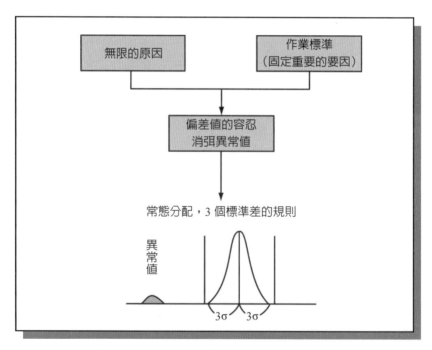

圖 3-2　偏差值的容忍與異常值的消弭

　　也許有人會擔心如果認同了偏差的存在，是不是以後出現了任何離譜的結果都不能不默認了。關於這一點，在統計學領域裡有明確的「常態分配的 3 個 sigma 界限」，利用這個可以將一般作業所產生偏差與異常作業結果所產生的異常值加以區別，目前為很多製造現場所採用。

　　全面品管對於這方面的觀念是這樣的：

1. 將偏差與異常值加以區分，再針對區分之後的異常值究明原因，然後設法除去異常的原因並防止再發生（請參照圖 3-3 的類型 A）。

2. 將標準作業的結果所產生之偏差（稱為工程能力）與依消費者需求所訂定之容許界限內的偏差（稱為允差、規格界限之幅度、容許差等）做一比較。若工程能力的範圍超出允差（請參照圖 3-3 類型 B），則採取下列二項措施：

　　‧ 解析偏差之原因。

　　‧ 檢討允差的妥當性，設法使工程能力滿足允差。

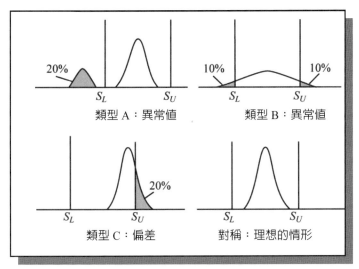

圖 3-3　不良的類型

3-3 統計的發想(2)

　　至於改善的重點是針對標準設定寬度以及標準未列出的變動要因進行檢討。目前在這方面開發了很多有用手法，其中最受到廣泛運用的是稱為「QC 七工具」，即查檢表、直方圖、柏拉圖、特性要因圖、統計圖、散布圖、管制圖與下記的「QC 記事（QC story）」（以 QC 方式解決問題的程序）。其他還準備有檢定、估計、變異數分析、相關與迴歸分析、多變量分析以及新 QC 七工具等。

QC 式的問題解決步驟：
1. 提出主題的理由（目標）。
2. 掌握現狀（掌握現象、分析現象）。
3. 解析（掌握要因）。
4. 對策（針對要因採取解決措施）。
5. 確認效果。
6. 防止再發生（標準化）。
7. 未解決的問題點與今後的著手方向。

　　另外，若工程能力足夠而偏差仍構成問題的話，多半是標準的設定上有問題，解析時可採取與步驟 (2) 相同之手法。

知識補充站

品管小故事大啓示

　　在 911 事件之前，美國總統柯林頓曾懸賞 1000 萬美元捉拿恐怖組織首領賓拉登。911 事件以後，總統將賞金提高到 2500 萬美元。然而，阿富汗人民卻對此無動於衷。後來，美國情報局經過調查發現，並非阿富汗人嫌 2500 萬美元太少，而是在極端貧窮的阿富汗人的心目中，2500 萬美元是一個空洞無際的天文數字。對於他們來說，解決每天的柴米油鹽和生計才是頭等大事，至於那些數以千萬計的巨額財富，實在是太遙遠了，於是賞金變成了 1000 隻羊。一時間，阿富汗人轟動了，他們紛紛鑽進山林尋找賓拉登的下落。一個當地人興奮地說：「1000 隻羊！天啊，那是多麼大的一群羊啊！我們村子裡最富有的人家也只有八隻羊。如果能有 1000 隻羊，我們全家幾輩子都有著落了。」

　　把握顧客的需要是能否成功的關鍵。我們不能把產品毫無選擇地賣給任何一個客戶。例如：我們很難把梳子、洗髮水和護髮素推銷給和尚；把保險桿賣給乞丐；把照相機賣給瞎子；把高級音響賣給聾子。對於他們來說，這些產品都毫無用處。

　　必須時刻關注顧客的需求變化，努力適應並符合其需求。

第4章
綜合的想法

4-1 由最高經營者（TOP）做起的TQM(1)

在開始敘述 TQM 的「T」（Total）：綜合性的這個觀念之前，必須先了解「最高經營者的問題」才行。

首先我們要強調的是最高經營者以下的有力者本身如果無心進行 TQM，那麼 TQM 是不會成功的。因此 QC 推進幹部的首要之務必須從改變老闆的意願開始。由最高經營者帶頭推動 TQM 是最重要的一個課題。如果老闆不知道什麼是 TQM，對這方面也不熱心的話，那麼就必須盡早找機會向他說明才行。與其他公司的負責人進行懇談、參加經營者的 QC 課題或品管圈大會等，都是極其具有效果的手段。

> 最高經營者是實行 TQM 的推手。儘早讓最高經營者認識 QC 稽核、QC 診斷等的效用也是非常重要的。

另外，儘早讓最高經營者了解 QC 稽核、QC 診斷等的效用也是非常重要的。當他了解個中的好處之後便會無法停止，自主地實施起來。我們常可以聽到因老闆知其好處而操之過急，動輒進行老闆診斷，使得底下的人員感到吃不消的例子，不過能夠自主地進行老闆診斷確實是一件很好的事情。

QC 稽核、QC 診斷是指確認品質管理的業務是否有確實地被實行。稽核是以品質管理要領書等的形式，明確規定什麼人應該做什麼事，並確認這些事情是否確實地被實行。診斷則依實施的立場分為下述名稱：

【由公司外部的人執行】：(1) 業者對供應商；(2) 由中立人士、學者或經驗人士對企業；(3) 資格認定等（JIS、JSA、ISO、標示許可）；(4) 表提出之目的（DP 實施、優良工廠等）。

【由公司內部的人執行】：(1) 老闆；(2) 事業部負責人；(3) QC 推進部門等。日本 QC 的特徵是診斷由老闆負責進行，又稱為老闆診斷。

最高經營者在提升了自己的水準之後，接著是明白指示改善整個公司體質的具體目標。光說體質改善還是太抽象，必須還有推進 TQM 的具體方針才行。例如大家所熟知的日本小松製作所的（A）對策，即提高堆土機的耐久力的問題或日本石橋輪胎的「人性導向」、「從說了才做的管理職成長為自主進行的管理職」等，體質改善或思想革命之目標都必須具體加以明示。

關於高階經營者，本節要強調的是「老闆或第 2 號實力者若無實行意願，TQM 是不會成功的」。就算第 3 號實力者再有心要做，仍然是沒有用。此處把範圍限定在老闆、最多是下一位的 2 號實力者。第 3 號實力者推進 QC 常常遭到挫折。所以，應該說「一位沒有領導能力的老闆所經營的公司，沒有資格引進 TQM」。有的老闆雖然沒有表示排斥 QC，但頂多只認為這既然是件好事不妨做做看。但自己從來不在陣前指揮，只把一切交給部下。這樣一位沒有領導能力的老闆，我們在其名稱之前加個 S，稱其為 Stop management，這樣的人最好趕快辭掉公司老闆的職位。除了這種「領導能力」之外，老闆還必須具備另一個條件是確切的「決策能力」。所謂經營是決定無法決定的事，創造過去未來的事實。所以，缺乏領導能力與決策能力的經營者應迅速撤換老闆，不能讓這樣的公司推動 TQM。因為萬一公司倒閉了，說不定還會把原因歸咎在 TQM 上呢！就算公司背負著龐大的虧損，如果老闆具備篤實的領導能力與合理的決策能力，我希望這樣的公司能引進 TQM。

其次，「老闆不能嘴裡說要大家推動 TQM，自己卻站在一旁冷眼旁觀」，以下我們藉由一個事例來考慮這個問題。

K 公司的老闆是一位兼具領導能力與決策能力的獨裁老闆，但他只發出命令說要推動 TQM，其他一切都交給負責 QC 的常務去負責，自己完全當一位旁觀者。他並不排斥 QC，雖然自己一再強調 TQM 的重要性，但話中又隱含有「TQM 交給負責的人去推動，TQM 不是老闆要做的事」的意思。在進行全公司的品質管理與體質改善時，老闆只在一旁觀看的話，TQM 是完全不會有進展的。尤其在獨裁的公司裡，人員特別會察言觀色，在推行活動時總是一邊觀察老闆對 TQM 的關心程度，老闆如果將採取旁觀的態度，活動很難有所進展。也正因為這樣的因素，K 公司的 TQM 一直十年如一日無所進展，最後終於變得僵化、毫無新意。

4-2 由最高經營者（TOP）做起的TQM(2)

　　另外，我們曾對同時指導 TQM 的 A、B 兩家公司，比較他們一年後的進行方式，結果發現僅僅短短的一年時間，兩家公司出現極大的差異。A 公司相當有進展，而 B 公司卻遠遠地落後。兩家公司的社長對 TQM 的熱心程度並無太大差別，但爲何 A 公司進展較快，針對此進行了檢討。結果是 A 公司的老闆覺得筆者一年的指導時間不夠，自己仿效指導講師在 QC 指導會上的作法，立即親自進行 QC 診斷（雖然稱不上是水準很高的老闆診斷），自己站在陣前以身作則讓大家看見自己在推動 TQM，絕不當一位旁觀者。

　　「只有對 TQM 的熱忱，老闆和管理者都不能輸給部下」。而這個熱忱當然要以態度來表現。不能凡事都託付他人當個旁觀者，自己要以身作則率先推動 TQM，部下不做的話自己來做，要有如此之心理準備。

　　在以經營之神松下幸之助爲主幹的「PHP」雜誌的某期中，曾以「用人的方法」爲主題進行對談，連神都公認善於用人的松下幸之助，在此對談中仍一如往常謙虛地說：「我用人的方法算不上什麼高明。」不過還是提出了幾項用人的方法。其中最令人印象深刻的是下面這段話：

　　「有一樣東西絕不可以輸給部下，那就是熱忱。只有熱忱是靠本身的意志，所以不能輸給部下。」因爲新任的部長也許不比原任的課長更了解工作，而且就能力來說，未必上司一定比部下高。但是只有對工作的熱忱是不能輸給部下的。因此，既然要引進 TQM，老闆對 TQM 的熱忱就不能輸給任何一個人，而這個熱忱當然要以態度來表現。不能凡事都託付他人當個旁觀者，自己要以身作則率先推動 TQM，部下不做的話自己來做，要有如此之心理準備。

關於這點我們來看看下面兩個實例。

製造光學儀器的 R 公司的 T 老闆原本是政治家，後來在人稱為經營之神的創業社長 I 氏的延請之下，辭去政治工作成為經營者，他本身是一位道道地地的 QC 信徒，打算以 TQM 來貫徹其經營。在 1970 年代的某年夏天，他不顧所有幹部、所有指導講師的反對，在石油危機之後公司經營最困難的時期，以果敢超人的領導能力與熱忱表示：「我就如同幼小的孩子想要玩具一樣，我只想要戴明獎」，在別人看起來好像不自量力的情況下，一舉向戴明獎審查挑戰。其後的 R 公司的業績傲人，這一切都要歸功於 T 老闆利用 TQM 成功地改善了公司的體質！

另外，文具製造商 P 公司的 H 老闆是一位真可稱其為「QC 之魔」，以品質至上為奉行主義之人。這位 H 老闆在前述的 R 公司獲得戴明獎的第二年，在自己即將參加戴明獎審查的時候，前往拜訪這家獲得戴明獎的 R 公司的 T 老闆，請教一下參加審查應有什麼樣的心理準備。結果 T 老闆一再地對 H 老闆強調：「你自己必須站在陣前去推動 QC。」於是這位強人中的強人且素有 QC 之魔之稱的 H 老闆，乃以更強悍的作風及熱忱喚起所有人員。在他的熱忱與魄力之下果敢地向戴明獎挑戰，並光榮地拿下這份榮耀。

H 老闆具有熱誠與魄力，終於也拿下日本品質最高榮譽的戴明獎，真是事在人為，有志竟成！

4-3 部長、課長應有的姿態與由基層做起的 TQM

1. 部長、課長應有的資態

　　前節所談到的是最高經營者在 TQM 中應有的態度，接著要談的是其下一層，也就是部長、課長等經營幹部的姿態、角色（任務）等。

　　首先要做到的是根據經營者的經營理念、長期方針、年度方針等，確實掌握自己部門的現狀，以設定方針。另外，部長、課長不只是制訂自己的方針，針對方針還要轉動 PDCA〔Plan（計畫）、Do（實施）、Check（確認）、Action（處置）〕的循環，換句話說徹底執行方針管理也是非常重要的。不能像前面說到的經營者一樣，只是在一旁說加油，必須具有以數據證明事物的能力。以下來看看指導某公司的例子。

　　S 公司 T 董事同時也是某家分公司的老闆。他是目前營業部門幹部中具有 30 年營業經歷及 15 年分公司老闆資歷，資格最老的天生營業長才。他有一個綽號叫「起死回生專家」，業績不振的分公司只要他承接過來，通常都能重新使其回生再創業績。每個人 20 年來都與他非常的熟稔，90 年代開始指導國內營業的 QC 時，最注意的就是這個人。由於他是營業專家中的專家，所以判斷他可能會以其經驗、直覺與膽識行事，成爲「反對 QC 的最右翼」，其影響力必然很大。但是，當進行 QC 指導的時候，才發現自己的這層顧慮完全是多餘的。他不只是一如往常般地設法提升業績不振的分公司業務，還積極地進行 QC。在 QC 指導會結束時，他表示：「今天老師所指摘的事項，明天我會花一天的時間，以我的方法去解釋、整理並做成文件，指示給各相關的部課與各分公司。」他這麼說非常令人吃驚，他不但沒有排斥 QC，而且積極地在進行 QC。指導講師在指導會上的指摘事項等，一般都由事務局的負責人在日後進行整理（有時會弄錯指導講師的意圖加以整理）並複印分發給相關人員，這些資料經常在部課長還不想正眼看它一下時就變成檔案資料了，所以他的作法非常地意外。

　　還不只是這樣，他還以事實爲依據，確認那些所指摘的事項，並自行監督哪些事情已實施？哪些未實施？後來請教其他人問及這位起死回生專家的工作祕訣時，他說最大特徵在於「他比其他任何的部長、課長都還細心地收集資料，而且總是根據數據說明事情」。

2. 由基層做起的TQM

綜合性觀念中最後要述及的是由基層做起的 TQM，而這就是品管圈活動。前面我們已經說過，品管圈活動是日本式 TQM 的特色之一，目前仍聞名世界。品管圈活動在日本一直不斷呈現飛躍式的發展，及至 90 年代已登記的品管圈件數約 21 萬圈，未登記者據說有 100 萬圈以上，同時品管圈大會也已邁向上萬次，可說盛況空前。

> 基層做起的 TQM，而這就是品管圈活動。品管圈是同一工作單位內自主進行品質管理活動的小團體，這個小團體為全公司品管活動的一環，藉由全員參與方式自我啟發、互相啟發，並活用 QC 手法，持續進行工作部門的管理與改善。

前述提及的美國朱蘭博士在 1966 年到日本的時候，曾出席品管圈大會，目睹日本企業的品管圈活動實況。當時他斷然的說：「這個活動足為世界之榜樣。日本的品管圈是一種激發作業員的創造能力與精力去解決品質問題之活動，在這方面它可以說是無與倫比的。」還說「品管圈將使日本掌握世界品質的領導地位」。此後朱蘭博士在世界各國的演講當中都會強調此事，這也是使得日本品管圈活動名聞世界的原委。

戴明博士也說：「日本商品的品質能持續急速進步及日本生活水準急速提升，品管圈活動可說功不可沒。」

品管圈綱領可說是被品管圈活動奉為圭臬，以下簡單介紹其內容。它對品管圈的定義為：「品管圈是同一工作單位內自主進行品質管理活動的小團體，這個小團體為全公司品管活動的一環，藉由全員參與方式自我啟發、互相啟發，並活用 QC 手法，持續進行工作部門的管理與改善」。此處以定義加以重點化提示是非常重要的。

另外，在此綱領中亦有記載品管圈活動的基本理念。做爲全公司品管活動之一環所進行的品管圈活動，其基本理念爲：

1. 希望對企業的體質改善、發展有所貢獻。
2. 創造出尊重人性、有生存價值、明朗的工作環境。
3. 發揮人類的能力，激發無限的潛能。

總而言之，它是做爲全公司品管活動之一環的自主性小組活動，也是現場第一線的作業同仁，或是第一線的營業人員、事務部門的女性同仁，不受制於管理職，自主進行的小組活動。所謂不受制於管理職且是自主的，是指它並不是受到部長或課長命令才強制進行的小組活動。

品管圈活動的精神：
1. 尊重人性。
2. 建立愉快的工作環境。
3. 改善企業體質。
品管活動的作法：
1. 自動自發。
2. 自我啓發。
3. 全員參加。
4. 全員發言。
5. 相互啓發。
品管圈活動有以下 3 大活動：
1. 品管圈集會。
2. 品管圈交流會。
3. 品管圈發表會。

第5章
保證的想法

5-1 後工程是顧客

接著要談的是TQM的特徵之一，也就是「品質保證」（quality assurance）的觀念。

不管從任何一本書去看它對 TQM 的定義，一定都可以看到相同的標題，即「製造滿足顧客的品質……」，正確說應該是「製造滿足顧客『要求』之品質……」。這裡所說的要求是非常重要的一個問題。所謂保證，第一個條件一定要有對方（對象），其次是掌握對方的要求，而對方也要明確提出自己的要求，這些都是非常重要的。以母公司與協力公司的情形來說，協力公司應致力生產「滿足母公司要求之品質……」，亦即協力公司應進行品質保證活動，以滿足公司之要求。

但是，在這之前最重要的是母公司必須對協力公司提出明確的要求。母公司要以顧客的立場提出請購單，而請購單中對於品質、數量、期限、價格等都必須明確。

> 　　所謂保證，第一個條件一定要有對方（對象），其次是掌握對方的要求，而對方也要明確提出自己的要求，這些都是非常重要的。
> 　　品質保證主要目的在於確保產品在既定時程與預算下，能圓滿達成預期品質水準與可靠度目標。

首先就品質來說，要提出明確的規格、圖面。過去我曾集合汽車製造廠的協力公司的經營者們，對他們講授 TQM 課程，在課堂上我曾問過他們有沒有什麼想對母公司講的話？其中意見最多的是「圖面太差」、「式樣規格太差」。所以「母公司必須以圖面或式樣規格的形式，明確提出自己的要求」。

在實施 TQM 方面，很意外的設計部門或營業部門的 QC 都比製造部門的 QC 要來得落後。製造部門常會因為圖面不清等感到極大的困擾，所以如果到該處去，他們應該會具體地告訴你設計部門的問題，甚至會連數據都提供給你。設計部門的問題不只是直接影響到後面的製造部門而已，這些問題還會透過資材部門影響到外包工廠、協力工廠。我們也常常可以聽到這些受到影響的單位抱怨：「如果圖面能把組合的形式畫得更容易理解一些的話，就不會有不良發生了。」設計部門的人總是認為設計部門的工作是製作圖面，但事實上製作圖面不是工作，真正的任務是要把完成品的意象傳達、溝通給對方。由此可見，到後工程去聽取「要求」與「問題點」是非常重要的。

　　如果我們將這裡所說的「問題點」加以定義的話，可以說「問題點就是指帶給後工程的其他部門的困擾程度」。但是，一般人都不太注意自己給後工程的其他部門所帶來的麻煩，倒是一定不會忘記前工程的其他部門所帶給自己的困擾。

　　其次，「後工程要明確說出自己的要求」。施工部門就算想提出意見，又怕設計部門來看時，發現自己這邊有很多地方也未按圖面施工，那豈不是自尋煩惱，還是別提算了。於是兩者都曖昧不清，經營一直只能安於現狀。相對的，如果後工程明確地說出意見，前工程不但可以提高水準，關係也會變得緊張些。例如，如果施工部門向設計部門提出抱怨，設計部門也會反駁對方施工未完全依照圖面進行，這樣一來施工部門的技術也會慢慢提升。所以後工程明確說出意見，不只對提升前工程的水準有幫助，同時也提升了工程的水準。

　　另外，關於後工程的要求，會出現這樣情況。那就是「後工程」有時候可能會是要我們提交資料或報告的上司，也可能是經營者。例如，經營者常會在必要時，要求財會部門立即提出該月的經營資料，但是財會部門為求達到正確，一分一錢都要仔細核對，於是拖延數日之後才向後工程（上司或經營者）報告。像這樣的情況就是沒有滿足後工程、經營者的要求。

　　由上述情形可見，對後工程的觀念，或是明確掌握後工程的要求，看起來似乎很簡單，其實卻不然。這裡要再一次重複強調的是「想要明確了解後工程的問題點，最好的方法是親自到該工程去切實的打聽」。

　　「下工程是顧客」仍然無法達成品質保證，因此這句用語後來更正為「後工程是顧客」，如此也才是全面品質管理的精髓。

5-2 特性的使用方法與管理項目

　　表示好、壞程度的指標稱為「特性」，如何使此特性明確以便針對問題對症下藥是非常重要的。所謂特性還可以把它當作結果來看。例如在進行健康管理時，首先最要注意的是血壓，其次是體重等，特性的種類有很多。「這些特性當中特別需要管理的特性，稱為管理項目」。TQM 方面一定會面對一個問題即「部長、課長的管理項目是什麼？」，這一點務必使其明確。

> 　　品質特性當中特別需要管理的特性，稱為管理項目。若將「管理項目」加以大致分類，可分為控制「結果系」的管理項目與控制「過程」的管理項目。

　　若將「管理項目」加以大致分類，可分為控制「結果系」管理項目與控制「過程」的管理項目。大部分的公司從以前就有的多屬控制結果系的管理項目。例如利益的達成率或業績（銷售額）達成率、訂單額的達成率等，這些都是過去就有的。這些一般通稱為「大而化之的管理項目」，這些東西不管哪個公司都是老早以前就有了。但是，TQM 開始實施之後，原因系的管理項目，也就是控制過程方面的管理項目就變得愈來愈重要了。以某個公司營業部門的例子來說，它有市場占有率、洽商參與率或客戶拜訪涵蓋率（cover rate）等。客戶拜訪的涵蓋率裡，看手上有幾家客戶、使用者，例如一位營業員的手上有 140 家客戶，如果本月拜訪了 100 家，則客戶拜訪的涵蓋率為 100/140。當拜訪的涵蓋率降低時，必須追究降低的原因，改變工作的方式才行。使這樣的標準明確以進行管理，事實上就稱為管理項目。就部、課長來說，部長的管理項目是什麼？課長的管理項目是什麼？這些都必須加以明確。

知識補充站

品管小故事大啟示

　　有一天美國通用汽車公司收到一封客戶抱怨信：我們家有一個傳統的習慣，就是每天在吃完晚餐後，都會以冰淇淋來當飯後甜點。由於冰淇淋的口味很多，所以我們家每天在飯後投票決定要吃哪一種口味，等大家決定後我就會開車去買。但自從最近我買了一部新的凱迪拉克後，在我去買冰淇淋的這段路程，問題就發生了。每當我買的是香草口味時，我從店裡出來車子就發不動。但如果我買的是其他的口味，車子發動就順得很。問題聽起來很可笑。凱迪拉克的總經理對這封信雖心存懷疑，但還是派了一位工程師去查看究竟。當工程師去找這位仁兄時，很驚訝的發現這封信是出自於一位事業成功、樂觀、且受了高等教育的人。工程師安排與這位仁兄的見面時間剛好是在用完晚餐的時間，兩人於是上車往冰淇淋店開去。那個晚上投票結果是香草口味，當買好香草冰淇淋回到車上後，車子又熄火了。這位工程師之後又依約來了三個晚上。第一晚，巧克力冰淇淋，車子沒事。第二晚，草莓冰淇淋，車子也沒事。第三晚，香草冰淇淋，車子「秀逗」。這位思考有邏輯的工程師，還是死不相信這位仁兄的車子對香草過敏。

　　因此，他仍然不放棄繼續安排相同的行程，希望能夠將這個問題解決。工程師開始記下從頭到現在所發生的種種詳細資料，如時間、車子使用油的種類、車子開出及開回的時間……，根據資料顯示他有了一個結論，這位仁兄買香草冰淇淋所花的時間比其他口味的要少。為什麼呢？原因是出在這家冰淇淋店的內部設置的問題。因為，香草冰淇淋是所有口味中最暢銷的口味，店家為了讓顧客每次都能很快的拿取，將香草口味特別分開陳列在單獨的冰櫃，並將冰櫃放置在店的前端，至於其他口味則放置在距離收銀台較遠的後端。現在，工程師所要知道的疑問是，為什麼這部車會因為從熄火到重新啟動的時間較短時就會「秀逗」？原因很清楚，絕對不是因為香草冰淇淋的關係，工程師很快地由心中浮現出，答案應該是「蒸氣鎖」。因為當這位仁兄買其他口味時，由於時間較久，引擎有足夠的時間散熱，重新發動時就沒有太大的問題。但是買香草口味時，由於花的時間較短，引擎太熱以至於還無法讓「蒸氣鎖」有足夠的散熱時間，真相終於大白。

　　即使有些問題看起來真的是瘋狂，但是有時候它還真的存在；如果我們每次在看待任何問題並秉持著冷靜的思考去找尋解決的方法，這些問題將看起來會比較簡單不那麼複雜。所以碰到問題時不要直接就反應說那是不可能的，而沒有投入一些真誠的努力。

　　品質管理首先要相信顧客的投訴，會投訴的客戶才是真的回頭客戶或者是真誠的客戶，莫若於此！

5-3 防止再發與標準化

　　PDCA 的「A」（即 Action，處置行動）可分為二種，一是應急對策（治標），另外一種是防止再發的對策（治本）。關於這些我們已在前面學過，除去現象者為「應急對策」，追究原因並設法除去者為「防止再發對策」。例如發生火災時，滅火作業是去除火災的現象，屬於應急對策。只是去除火勢，未針對火災原因深入調查並設法除去其原因，火災依然會再發生。要採取防止再發對策，不能只針對現象，必須設法除去「原因」才行。

　　消除現象是應急對策，消除原因是防止再發對策。例如發生火災時，滅火作業是去除火災的現象，屬於應急對策。只是去除火勢，未針對火災原因深入調查並設法除去其原因，火災依然會再發生。

　　有某家公司的 QC 指導會，在指導會就要開始的時候，負責 QC 的常務董事突然勃然大怒。發怒的原因是因為會場上的掛鐘一個月前就停了，這天仍然是停的。每次這種情形，總會諷刺地說：「眼睛看到的時鐘都停擺了，你們公司是不是有什麼工作也停滯不前呢？」這叫做從一事看萬事，一事就是統計裡所說的一個樣本，萬事就是母體，從一個樣本去推測母體就是這句話的意思，這也是統計中抽樣檢查的精神。話再說回來，前面的指導會場，看到常務已經生氣了，總務課長趕忙喊了一位女性員工去換上電池並將時間調撥正確，完全恢復原狀開始走動。那麼，這個對策（Action）是防止再發對策呢？還是應急對策？很遺憾的，事實上這只是應急對策罷了。為什麼呢？假設這個電池經過 3 個月就會沒電，如果今天是 10 月 20 日的話，那麼今天換上去的電池，到了三個月後的 1 月 20 日仍然會沒電，時鐘還是要停。就算今天被常務怒責覺得非常沒面子，甚至感慨要辭職，但 3 個月後就會完全忘記，等到 1 月 20 日只好再被常務怒刮一頓。然後這天之後，再過三個月的 4 月 20 日，仍然因為時鐘又停擺了，又被痛責一次。開玩笑地說，從這個情形來看，好像每 3 個月就有一次管理循環產生，但事實上這並不是管理循環的 PDCA，只是問題以相當高的頻率一再地發生，而且也只是一再地以應急對策在善後而已。要防止問題再發生，必須掌握真正的原因。但要徹底追查真正的原因是非常不容易的，比如我們看到電池就容易把電池當作原因，也就是說把現象當作原因的可能性極高。

　　現在，我們再假設已經掌握了真正的原因。例如那位總務課長對女員工說：「你的責任是不要讓時鐘停擺，所以每3個月要更換一次電池。」如果能把這個工作變成一個規定，那麼這就是標準化、防止再發生的作法了。但是，「並不是標準化之後就一定能夠發揮防止再發生的功用」。日本有一種所謂的 JIS 指定工廠，要成為這種工廠通常必須製訂非常多的標準類。這也不一定因為是 JIS 的指定工廠才要如此，雖然標準類多得不值錢，但大部分都共同存在一個問題，那就是「只是沒辦法遵守罷了！」換句話說，雖然標準化了但並未能發揮防止再發生的功效。要能夠「遵守」標準，才會有防止再發生的效果。前面提到的那位負責的女員工如果能自己下點工夫，例如10月20日換了電池以後，在自己的記事本或桌上月曆的1月20日處，註明一下「要更換電池」的話，那麼1月20日到的時候就會想到「啊！要換電池了」。像這樣的防止再發生的督促動作，不需要幹部人員去替我們想，要自己自動去做。只有做到這裡，時鐘的問題才算真正地採取了防止再發生對策。如果要進一步說的話，沒電時鐘才停擺這只是現象而已，真正的原因是人的方面出了問題。總務課長制訂了標準卻未交待執行的話，責任就在總務課長身上，但如果負責的女員工明知有每3個月必須更換電池的規則，而卻不確實實行的話，那麼就是她出了問題，電池並不是原因。

　　如果像這樣把防止再發的觀念運用在日常業務上的話，許多業務都會因此逐漸獲得改善。

知識補充站

品管小故事大啓示

　　動物實驗室有一個很經典的故事：有6隻猴子關在一個實驗室裡，頭頂上掛著一些香蕉，但香蕉都連著一個水龍頭，猴子看到香蕉，很開心去拉香蕉，結果被水淋的一場糊塗，然後6隻猴子知道香蕉不能碰了。然後換一隻新猴子進去，就有5隻老猴子和1隻新猴子，新來的猴子看到香蕉自然很想吃，但5隻老猴子知道碰香蕉會被水淋，都制止牠，過了一些時間，新來的猴子也不再問，也不去碰香蕉。然後再換一隻新猴子，就這樣，最開始的6隻猴子被全部換出來，新進去的6隻猴子也不會去碰香蕉。

　　這個故事反映的是培訓的重要性和無條件的執行制度。把好的經驗做好培訓，讓大家共享，培訓好了，可以少犯錯誤，少走彎路，大家都會向同一個方向，也是正確的方向使力，這樣的團隊或公司會戰無不勝的。制度就是要無條件執行的，因為制度是經驗的總結。不遵守制度是要犯錯誤或受懲罰的。作為一個企業能不能在市場競爭當中生存、發展、取勝，質量將成為企業生死存亡的決定力量，但什麼又決定質量呢？如何提高質量呢？執行！還是執行！這個「質量文化」中最重要的一環，是質量最有力的發動機，它發動著質量的改進，發動著企業發展。

5-4 TQM與「太忙」的託辭

　　某個公司請來一位高僧來傳道，這位和尚說過這樣的話：「每天只會說太忙、太忙，您的心將跟著迷茫，因為忙是心的作用產生，你一直覺得很忙、很忙，心就會產生迷亂」。我也曾向營業部門的人說：「忙總比閒著好，但是如果太忙以致十年如一日，工作方式都不改變，變成行屍走肉的話是不行的」。如果每日有進行管理的話，發現當月的目標與實績出現差異，就應該立即追查原因，想辦法改變工作的方式。不管再怎麼忙都不能忘記這些工作，但是，似乎任何一家公司都有「太忙」這個問題在，因為太忙而無法去對工作方式做改變。這麼一來，效率和生產力就會愈來愈差。換句話說，它只是管理環（PDCA）裡的 Do（實施）在運轉而已。

　　　　「忙」是「心亡」。人們在日常生活及工作中，為各種事務所纏，未及用心思考；「盲」是「目亡」。「心亡」易於放棄獨立思考，或看不清事物或前路，不明事理地盲目附和他人的意見或看法，以致「目亡」。「茫」是「心亡」、「目亡」的必然結果。「心亡」、「目亡」必然稀里糊塗過日子，整日茫然自失。

　　像這種公司我們稱它為「原地踏步」的公司。我們經常還可以聽到營業部門的人抱怨說：「太忙了！每天總是東奔西跑」，但仔細觀察將會發現，與其說是「東奔西跑」，應該說是「左顧右盼」。才到那邊就又想到這邊，問題發生了，客人一叫又立刻跑去「滅火」，忙得不可開交。所以我常對營業部門的人員說：「請利用三天的時間，每隔一小時寫下自己做了什麼事」，但是他們說：「太忙了！哪有辦法做這些事。」我說：「計程車司機都可以利用等紅燈的機會，寫下從何處經由何處的紀錄，所以不管再忙，用一句話也無妨寫寫看。」這麼做是想分析「什麼事讓你這麼忙？」，結果發現事實上大部分忙的都是一些應急性的對策罷了。換句話說，忙得不可開交只為「滅火作業」，客人呼叫了就飛奔而去，一再地重複這些動作罷了。客人在呼叫了沒辦法，事實上並非這樣，最重要的還是要從問題出處去追查原因，並採取防止再發對策，這樣才有辦法慢慢將自己從忙碌中解放出來。

　　順便一提的是庫存方面的問題也有同樣的道理。很多企業都會發生因庫存過剩造成呆滯商品（dead stock）的問題。這種情況只要減少進貨只管出貨，庫存當然就會慢慢消解。不過儘管庫存會因此慢慢消解，這也只能稱為應急對策而已。這種減少進量加強出量，或是將呆滯商品加以處分、削減的作法都只是應急對策，過不久庫存過剩的現象仍會一再發生，這絕非真正的庫存管理。為了防止問題再發，仍然要針對為什麼庫存會過剩？追查原因並改變工作的方式。例如事前若有規定庫存管理的上限，貨品就不會進得超過限度，規定下限的話也可以防止缺貨，因此，只採取應急對策不能稱為管理，必須做到防止再發的地步始能稱為「管理」。同理可推，只有應急對策不算是庫存管理，要真正能夠做到防止再發，才能算是做好庫存管理。

推行品管的禁語：
1. 沒時間。
2. 沒辦法。
3. 工作忙。
　　推行品管活動，務必所有人員避免說出如此推卸責任、不負責任的話語。

知識補充站

品管小故事大啟示

　　有一家供應商製造日光燈的組件，有一天交貨給日光燈組裝廠卻全數退回，供應商非常納悶為何被退貨，向組裝廠詢問，組裝廠說，線路組裝錯誤，供應商說，我們只是將電線從擺左方改成擺右方而已，其他規格都照規定，組裝廠說這就對了，你們擅自更改規定，這就是我們退貨的理由。

　　標準化是品管的手段，但標準化並非為了監控工作行為，而是行事有所本，便於溝通，取得共識，制定標準固然重要，但按規定行事更是重要，不遵守規定是不行的，日本人極力推行5S，其中之一就是遵守規定，品管雖然要推行標準化，但標準化不可先行於品管。

Note

第6章
過程的管理

6-1 改變工作方式與標準化

1.改變工作方式

　　不管是要提升品質也好、業績也好，首先最重要的是，要使「工作的品質」提高。要提高工作的品質，工作的進行方式、作法一定要改變才行。以管理來說，如果每月有進行管理的話，只要目標與實績有差距，就必須改變工作的進行方式，否則不能稱為管理。在第一次石油危機之前的高度成長時代裡，有不少公司在這十年間，工作的進行方式、作法幾乎完全沒有改變過。這種情形為「10 年之間未曾做過管理」。工作進行方式、作法沒有改變就等於沒有在做管理，這是一個很基本的觀念。

> 　　要提高工作的品質，工作的進行方式、作法一定要改變才行。以管理來說，如果每月有進行管理的話，只要目標與實績有差距，就必須改變工作的進行方式，否則不能稱為管理。

　　這裡所說的「工作」可以替代其他的名詞進去，就可以比較了解意思。例如，把「會議」替代進去，就變成改變會議的進行方式、作法，這是比較直截了當的主題。很多公司在進行了 TQM 之後，首先在會議的進行方式、作法上，都會產生一些變化。

　　某個公司知道了這個話題之後，年屆 80 高齡的老闆發現最近的營業會議、銷售會議與 10 年來的進行方式、作法幾乎沒有任何差異，於是宣稱「我不出席參加」，使得下面的人覺得非常地困擾，我想經營者的這個態度應該是一種激勵的作法。

　　如果此處把「工作的進行方式」中的工作，替代成 QC 的代表性用語，例如不良對策，那就變成了改變不良對策的進行方式、作法。同樣，如果把與 QC 有親戚關係的「標準化」一語替代進去的話，就變成了改變標準化的進行方式、作法。這裡所說的「改變」無非是指如何使標準化的進行方式，以更符合 QC 的方式來進行。

　　雖說「標準化」與「QC」彷彿親戚關係，但如果認為進行標準化就是在進行 QC 的話，那就錯了。我個人認為標準化可以是良藥，也可以是毒藥，問題在於它的進行方式。關於這點後面再做敘述，這裡所說的「工作的進行方式」稱為「過程」。從某個意義來看，QC 可以想成是一種過程的管理。即使不太理解 QC 的內容，那很簡單，只要說它是一種過程的管理就可以了。為什麼呢？我們常這麼說「品質要在過程中形成，靠檢查無法做出品質」，這裡所說的過程不偏限於什麼工程，製造過程也好、事務過程或營業過程都好，品質要在過程階段形成的道理是不會改變的。換句話說，從過程去加強品質是 QC 的基本觀念，過程管理也可以說是 QC 的代名詞。

2. 標準化

來探討一下前面談到的「標準化」問題，標準化走在 QC 前面可說是一種最形式、也最危險的 QC。例如一家即將實施 QC 的公司，到已經獲得戴明獎的前輩公司去見習。前輩公司告訴他：「我們這裡有部長、課長的管理項目，也有『管理體系』。例如品質保證體系、利益管理體系、銷售額管理體系等都很明確，另外方針管理也落實在做，也就是說明確訂定年度方針，從社長方針到末端的員工都依據方針在運作。這些管理項目、管理體系、方針管理都可視之為標準化的一貫相連……」，聽到了這些話，很容易就以為做了這些便是 QC 了。其實這個觀念是錯誤的，也容易產生「標準化走在 QC 前面」的現象。標準化不可走在 QC 前面。標準化走在前面的 QC 是最危險的 QC。

在 QC 界常常會提到 Plan、Do、Check、Action。管理即依照這四個步驟不斷循環。

20 年前左右的許多公司，沒有計畫只是實施，沒有確認也沒有處置措施（由於這些公司只做 Do 的步驟，所以稱之為 Do-Do 原地踏步公司）。

那時某家公司的 QC，詢問他們的部長：「你們公司是哪一種形式？」他說：「我們公司也是一樣，沒有 Plan，有 Do，沒有 Check，但有 Action」，「所謂 Action 是指什麼？」，他說：「倒也不是什麼，只是上級主管偶而心血來潮。換句話說是 Do-Action、Do-Action 二個衝程（cycle）的方式。」或許這二個衝程的公司比起只進行 Do 的一個衝程的公司稍微好些，不過還是要四個步驟全程都轉動才行。

再來看看最近的公司情形如何。首先 95 年度到了，就擬定實施計畫（Plan），然後 Do、Check、Action 都沒有，很快的 95 年度結束了，只好推翻舊案，重作 96 年度的方針實施計畫，所以都是忙著在製作計畫而已。這種除了擬訂計畫什麼都不做的公司，稱為 Plan-Plan 公司，這一類的公司可說為數不少，像盲目想取得 ISO 認證的公司就是如此。

這樣看來，如果說這 20 年來國內的企業由 Do-Do 原地踏步型，轉移為 Plan-Plan 型是一點也不誇張的。所以有的公司會說我們已經做了三年方針管理，所以 TQM 的水準也提高了，但究其事實所發展的只是作文能力而已，也就是說如果它所發展的只是無中生有的作文能力是一點也不為過的。一旦成為這種形式性的方針管理的話，那麼即使有方針管理、管理體系或部長、課長管理項目此種的標準化，終究還是變成形式性的 QC，成為前面所說的最危險的 QC，這點非常值得我們的注意。

前面說過「標準化走在前面的 QC 是最危險的 QC」，相信大家應該已經可以理解其意義了。

6-2 由真實出發（發自內在）

　　前面講到的這種從標準化開始的 QC，也可稱爲「由表面原則出發的 QC」，QC 還是要由眞實而不是表面原則出發才行。所謂從眞實出發，事實上是指由掌握實際情形開始而言。能夠掌握實情的話，問題漏洞自然會顯現出來，這是非常重要的。所以，TQM 也可以說是從問題缺失著手的一個活動。像這樣掌握實情，讓問題缺失顯現之後，自然就可以產生問題意義。有了問題意識就能深切感受到需求的所在（也就是感受到需要性）。在深切體會到需要性時，就可以進行方針管理或制定管理體系、設定管理項目了。也因爲如此我們才一再強調必須重視進行方式、過程。這樣之後，再考慮標準化的實施方式、QC 的進行方式的話，效果必然可期。這種從問題點著手的 QC 通稱爲「發自眞實的 QC」，TQM 的進行方式也必須由表面原則改變爲，由眞實出發才行。

> 從標準化開始的 QC，也可稱爲「由表面原則出發的 QC」，QC 還是要由眞實而不是表面原則出發才行。

　　在大陸四人幫的全盛時代，有位日本女作家參加文人團體到中國大陸旅行，在回國後的訪談裡，她嚴厲地批評說：「中國大陸是一個只說表面話、聽不到眞心話的國家。」譬如問說：「中國的人口這麼多，應該會有一、二個小偷吧？」得到的卻是「中國已經是一個沒有小偷的國家」的表面回答。這也是爲什麼過去 30 年來中國一直沒有進步的原因，因爲它始終不曉得問題缺點在哪裡。中國最近也一直談 TQM，對這方面表現得非常熱心，當然一方面也是受到日本學者、企業人士前往指導的影響。其中有個人在前往北京內燃機工廠進行指導時，把 60% 的不良率沒多久減少爲 0.25%，成爲有名的故事。

由於工廠的零件及庫存品相當多，指導者督促其注意說道：「庫存品這麼多，豈不是很難消化？」，對方卻回答：「一旦有事時，自然能派上用場」，一點兒也不感到驚訝的樣子。如果日本庫存這樣多零件，那公司一定要倒閉的。另外，指導者聽到有60%的不良率相當吃驚，但對方卻不在乎，說：「只要達成勞動定額（計畫指標）就行嘛！」對大量的庫存及大量的不良品的缺失不曾有過意識，是中國過去30年來沒有進步的主要原因。

以前有一家專門銷售唱片、樂器、音響等商品的零售店。這家零售店是一家大型的販賣店，當時大小合計共擁有40家店，店員人數有450名。這家店有唱片、樂器、鋼琴、音響共4個部門。首先以唱片部門作為QC的對象，打出「建立固定顧客」的方針。唱片行長久以來是一種典型的「等待生意」，總是客人自己上門，這種店裡通常有很多通稱「飼料盒」的唱片盒架，品項要愈豐富愈好。

但是，根據對各支店的統計結果顯示，未必唱片盒架多、賣場面積大的店，業績就一定比較好。後來經過不斷的調查，才知道愈是業績好的店，愈是有著手在做預約訂購的工作。由於事實顯示勤於做預約訂購活動對增加業績有正面幫助，所以這家唱片行便集合營業人員開小組會議，以上述事實為依據，設定了以下的目標。

1. 選定全店的重點曲目。
2. 決定銷售對象。
3. 訂定銷售重點。

在這些具體方針之下，各支店開始努力爭取預約。這種作法就不是前面說的標準化走在前面的QC，相反的，它從掌握實情著手，不但具有問題意識也能深切感受需要性，以這樣的作法來決定事情，從這個例子也可以看出重視過程的重要。

6-3 利用結果來進行管理

　　那麼是不是目標設定以後一切就算結束了呢？不是的，而是管理正要從此開始。一般都是針對結果在進行管理，但 QC 則是「利用結果來進行管理」。那利用結果來管理什麼呢？正確地說就是管理過程，而過程則是指工作的進行方式，正確的說法是「利用結果來管理工作的進行方式」。

　　以前面提到的零售店的例子來說，結果就是「銷售額」。再精確一點地說，結果就是它的預約單的張數，例如目標是 300 張，但只拿到 200 張的話，則達成率僅爲 2/3（66%）就是其結果。追究爲什麼只達成 66% 的原因，設法改變工作的進行方式、作法（過程）就變成了重要的課題了。

　　QC 裡所說的「管理」是指以輕鬆的方式改變工作的作法，使結果轉爲良好。另外品管圈的情形也是一樣。它的目的是希望成員以輕鬆、樂在工作的方式，改變結果使其趨向理想。對於品管圈有很多不同的見解，也有人開玩笑說：「品管圈不是快樂事，而是苦ㄅㄨ分（QCC）的差事」。對於這種說法我會回答說，爲什麼變成苦差事呢？是不是應該追究一下原因，改善一下集會與工作的進行方式呢？

　　這種管理不思改變的工作方式，但目標值卻年年上升。這麼一來到時候只有靠高壓的鞭策方式來做，所以這種公司一提到管理，都會令人膽戰心驚，給人一種強制性、高壓性的印象。這種只做「管理結果」、「確認結果」的公司據說高達 7 成以上。若以更嚴格的角度來看，應該說高達 9 成 5 以上，您公司的情形又是如何呢？

> 　　「結果管理」與「利用結果來管理」是不同的，前者的英文是 management of Resul，後者是 management by Results，前者的手段是檢驗，後者的手段是過程的管控。

知識補充站

統計學家的故事

卡爾・皮爾遜（Karl Pearson）是 19 和 20 世紀初罕見的百科全書式的學者，是英國著名的統計學家、生物統計學家、應用數學家，又是名副其實的歷史學家、科學哲學家、倫理學家、民俗學家、人類學家、宗教學家、優生學家、彈性和工程問題專家、頭骨測量學家，也是精力充沛的社會活動家、律師、自由思想者、教育改革家、社會主義者、婦女解放的鼓吹者、婚姻和性問題的研究者，亦是受歡迎的教師、編輯、文學作品和人物傳記的作者。

他也是一位身體力行的社會改革家。他就各種社會問題發表了一系列獨到的見解，提出了一整套誘人的解決方案。他關於「自由思想」的論述，至今仍值得每一個知識人深思；他關於「市場的熱情和研究的熱情」的論述，值得混跡於學術界的「市場人」省思，值得「研究人」警惕。這些論述的思想意義是永存的，其現實意義是不言而喻的。

卡爾・皮爾遜從兒童時代起，就有著廣闊的興趣範圍，非凡的知識活力，善於獨立思考，不輕易相信權威，重視數據和事實。他的主要成就和貢獻是在統計學方面，他開始把數學運用於遺傳和進化的隨機過程，首創次數分布表與次數分布圖，提出一系列次數曲線；推導出卡方分布，提出卡方檢驗，用以檢驗觀察值與期望值之間的差異顯著性；發展了回歸和相關理論；為大樣本理論奠定了基礎。皮爾遜的科學道路，是從數學研究開始，繼之以哲學和法律學，進而研究生物學與遺傳學，集大成於統計學。

6-4 追究原因

　　前面一再強調的是改變工作的進行方式、作法,接著再從營業的例子來看看「追究原因」與「改變工作方式」的問題。

　　談到「營業部門」,它的一個特徵就是不會去追究銷售額爲什麼減少了,如果要對它加以定義,可以說它是不會追究原因的部門。但是,營業部門的人員卻常給人一種「錯覺」,覺得他們好像一直都在追究原因。例如問他們爲什麼這個月的銷售額沒有成長,回答是:「因爲上門的客人少」。這樣的回答與其說是原因,其實只不過是現象而已。業績下降,上門客人少都只是現象之一,針對這些現象繼續不斷向下挖掘,才能觸到問題。

　　總之,營業部門的人員多半只止於追究現象、除去現象而已。銷售額減少的眞正原因還沒追究,馬上就採取勉強的銷售方式(例如強制推銷)來設法提高業績。這種作法叫做「除去現象」,通稱「應急對策」。只採取應急對策也是可以使業績提高的,乍看之下好像在追究原因,但仔細觀察,其實並未對原因做任何追究。

　　另外,再來看建設業的例子。某家建設公司的鋼筋軀體工程整整地拖延了三個禮拜。問其原因,回答是「鋼筋工人慢了三星期」,這也是現象之一,不是原因。爲什麼鋼筋工人會慢,如果針對此點深入追究原因 5 次左右,應該可以找到答案,但他們並沒有這麼做,於是立刻增加一倍的作業人員也只是執行突貫工程,這只是除去現象,換句話說只是應急對策而已。這樣一定工程到竣工爲止,雖然消耗經費,但總算可以趕上工期。

　　這樣的對策雖然可以使公司的經營、運作維持無恙,但是放著這樣的體質不去改善,總有一天會出現破綻。因爲如果不去追究原因,不但無法指望公司的固有技術水準會提升,它也不會成爲公司的資產。以現在這個例子來說,應該針對鋼筋工人慢三星期的問題,檢討原承包者的工數計畫、工程計畫,或者更深入一步檢討一次承包、二次承包的工數計畫、工程計畫在作法上有沒有什麼問題?設法改變工作的方式才能提高工數計畫、工程計畫的固有技術,同時使之成爲企業的資產,使日後的對策有正確的方向可以依循。這種作法才是防止再發對策,而且它會成爲固有技術,漸漸累積成爲公司的資產。

　　爲使各位有更進一步的理解,我們再來看看下面的例子。過去在某製鐵廠進行指導時,問他們爲什麼工程拖延了,他們的回答是機械故障。再問:「機械故障的原因是什麼?」回答是「彈簧條斷了」。製鐵廠有 200～300 位維修人員,再進一步追問他們:「你是除去了現象,還是除去了原因?」結果反而理直氣壯地回答:「我是修理工,彈簧條斷了我把它換掉,哪裡不對?」這些都不是除去原因,只是除去現象的應急對策罷了。但是,如果能夠針對問題點反覆 5 次追究原因的話(不只是換掉彈簧條而已,要更根本地針對周邊的事物追究原因、採取對策),那麼每個月會斷裂一次的東西或許可以維持半年才斷一次。這樣做是使工作的品質提高。結果反覆地這麼做直到完全不再有斷裂現象,那就是防止再發對策完全奏效了。

　　如前面所說，只除去現象，公司仍然可以經營、運作，但這樣的作法對提升利益、提升業績很少會有幫助。由於沒有去注意所得之利益少於本來應得之利益，再加上一些突發的外在原因，業績可能會突然掉落而變成赤字。對於公司的實情若不詳加調查，將無法知道工作進行方式、作法上的什麼地方有問題。因此，工作的進行方式（也就是過程）會影響到企業體質，不斷地追究原因，除去原因，以視同固有技術為財產，一般改變工作的進行方式，公司的體質自然會提升，達到體質改善的效果。

　　「豐田生產方式」（看板方式）裡也有出現「重複 5 次為什麼、為什麼」這樣的說法。在這樣反覆 5 次自問原因的時候，最重要的是要仔細觀察事實，只是腦袋裡反覆 5 次是沒有意義的。

　　以 QC 觀念為基礎的「豐田生產方式」（看板方式）裡也有出現「重複 5 次為什麼、為什麼」這樣的說法。在這種「看板方式」裡，即使汽車依照生產計畫生產沒有任何問題，仍然強調要反覆進行 5 次為什麼、為什麼的自問。筆者曾有過指導許多公司的經驗，無論是物品的製造方式、流程方式，都以汽車製造廠的水準為最高。但儘管如此，它仍然保持問題意識，這也使得這些企業的體質一天比一天強固。

　　銷售業績減少或工作的進度落後不是理所當然的事，是問題的所在。若是理所當然的事就重複 5 次，如果是問題就要以 2 倍的次數（也就是 10 倍）重複自問原因的所在。

　　在這樣反覆 5 次自問原因的時候，最重要的是要仔細觀察事實，只是腦袋裡反覆 5 次是沒有意義的。尤其是營業部門的人員當中，有的人頭腦很好，甚至有人反覆 5 分鐘都一直問為什麼、為什麼，但這一點意義也沒有。

　　以前道格拉斯 DC10 的飛機曾在美國墜落，飛機在機場起飛不久引擎就脫落了。這時美國的聯邦航空局立刻下令停止飛行，由於這是因為標塔有裂痕，引擎脫落才造成的，所以剛開始時懷疑是不是製造廠在設計上的強度測試錯誤所導致。但是 2 個月後，美國聯邦航空局做了令人意外的發表，原因是航空公司的維護方式上出了問題。換句話說，在觀察其維護作法時發現它並未依照標準進行作業，才使標塔的地方出現裂痕。這真是非常了不起的發現，它深入觀察事實的作法真是令人非常敬佩，而這也是我們所強調的重點。

6-5 「利潤」是一種結果

　　品管實施 3 年（至少 3 年）之後，至少要做到下列二點，否則不會有什麼成效：
1. 從個人所持有的技術，提升、累積成為公司的固有技術。
2. 培育人才。
　　這兩點也是我用來確認的重點。個人的技術是非常重要、不可輕視的，如果對其置之不管，它永遠不會成為公司的財產。我在開始指導前面曾提及的零售店的品管時，曾對其老闆說：「不可過分強調眼前的利潤，至少要花一段時間來做上述的 1 或 2 項，等體質改善了之後，利潤自然會提升，這是一種結果也是非常重要的觀念」。這家公司的預約取得方式及一般店頭販賣時的三步驟——接近、示範、成交，全都是公司的財產。
　　接著來探討一下利潤的問題。首先要有一個觀念是，利潤是一種結果。關於這一點我們來看看下面的例子。日本某電氣公司的某事業部聚集部長舉行小組討論，其中有位部長發言說企業首先要考慮的是利潤。這也是當然的事，不過別位部長也有意見，他說在松下幸之助的某個演講會上，他說廠商最重要的工作是生產顧客最喜歡的產品。第二是提高銷售業績，第三是提高利潤。他把利潤擺在最後面，事實上正是如此，在到達結果（利潤）之前的過程是最要的，這也是本章主題「過程管理」的根本觀念。我指導過很多公司，有的沒什麼利潤，有的甚至瀕臨赤字。只要是這種公司的老闆都會一再強調利潤、利潤，員工的想法也都朝利潤方向走，到最後常常徒勞無功。不要只是一味地追求利潤，利潤提升之前的過程才是最重要的。另外，利潤這種東西是一種自然的結果，我們絕不是說不要在意它，但如果過度急於追求利潤，就會變得忽視過程，這樣就很難指望達到 QC 的理想工作方式，也就是過程管理，這樣還渴望提高利潤，簡直就是妄想，這點希望銘記在心。

　　利潤只是一種結果，提升利潤之前，過程才是最重要的，如果過度急於追求利潤，就會變得忽視過程，如此很難指望達到 QC 的理想工作方式。

第7章
統計的想法

7-1 以數據說明事實

　　QC 裡對「統計的觀念」與「統計手法」有不同的詮釋。前者是以統計的原理、原則爲依據去架構出對「事物的看法、想法」，重點放在「創思方式」上。後者是指利用已在「統計學」世界裡獲得證實、發展出來的數據處理法加以類型化的手法。此處我們將以前者爲中心，從其實務的背景去探討它的內容。

在 QC 中對「統計的觀念」與「統計手法」有不同的詮釋。前者是以統計的原理、原則爲依據去架構出對「事物的看法、想法」，後者是將數據處理法加以類型化的手法。

　　因交期延誤給客人帶來極大困擾的營業處。這個營業處本來要去客戶那裡拿下個月以後的訂單，但想到不但這個星期的貨還未出，連上個星期應該交的貨也都還未出，實在沒有臉去見客戶，想要去拿訂單也不敢去了。於是馬上會見負責生產的 4 位事業部的部長，拜託他們督促交貨。同時也拜託向來在公司裡最「惡名昭彰」的事業部的部長，希望他拿出對策來處理「交期延誤」的問題。誰知道這 4 位的事業部長當中，反而有人以夾帶諷刺的口氣說：「你能不能出示數據證明交貨延誤？指導 QC 的老師不是常說『要以數據說明事實』的嗎？」因爲一時疏忽忘了帶交期延誤的數據過來而感到面紅耳赤，所以立刻回營業處要求他們收集數據。結果在分析數據的時候，發現 4 個事業部當中被傳說交期延誤的最嚴重，也就是那個最「惡名昭彰」的事業部，比起其他三個事業部，其實交期延誤情形是最少的。

　　4 個事業部當中交期延誤最少的事業部，爲什麼會變成惡名昭彰的部門呢？根據後來調查的結果，原來當營業處的負責人以電話向該惡名昭彰的事業部催促出貨時，該部的應對態度非常差，姿態擺得很高，而且一貫以冷淡的語氣回應對方。因此給了營業處負責人不好的印象，變成了惡名在外的部門。相對的，其他的事業部在面對同樣的問題時，都以低姿態回應電話，給營業處負責人留下良好的印象。就這樣的，只憑印象這個部門就被判了惡名，完全沒有在數據的依據下受到公平的判斷。這個世界上有很多事情也都只憑印象就被加以判斷。從這裡相信大家一定可以體會，不根據數據去判斷事物是何其地危險！

　督促出貨與處理抱怨太慢等，常常使得營業部門與工廠部門彼此水火不容，不斷有爭議或吵架發生。沒有證據資料或數據作為依據的爭議，常常一引發就沒完沒了。任何人一定都有過彼此無法說服對方，弄得很不耐煩的經驗。這種情形最後一定是「聲音大的人贏」。聲音小、沒膽量的人就算說的是正確的，還是會讓聲音大的人壓過去，最後變成「無理硬拗變有理」。

　但是，這樣的工作環境會讓員工士氣愈來愈低落，士氣不振是非常嚴重的事情。想要擺脫這種類似黑道社會的「無理硬拗變有理」的工作環境，讓正確的意見隨時都能出頭，一定要靠證據資料或數據來說明事實。也就是說「證據勝於理論」，我們也可以說「脫離這種黑道的社會正是 QC 的目標所在」。

> 「證據」勝於「理論」（事實勝於雄辯）（Facts speak louder than words.）。

> 拙劣決策的 3 種常見來源：
> 1. 隨意設定標竿：將另一家公司成功推行的想法，應用在自己的業務中，卻沒有去分析它是否真正可行。
> 2. 繼續採用過去似乎奏效的做法：假設未來市場條件會非常類似或雷同。因此，藉由重複相同做法，期望得到相似的成果。
> 3. 遵循根深蒂固但未經證實的意識型態：那些晉升到資深管理職位者的得意計畫。這些提案並不是以事實為基礎，只是單憑直覺。
>
> 　總之，這些實務做法取代事實成為傳統智慧。這 3 種方法不但不利用可靠的邏輯和分析蒐集資料再據此採取行動，反而只依賴部分資訊的選擇性回憶。為了對付這些問題，就必須用證據來進行管理。

7-2 層別與變異

　　有些人一聽到「統計」這句話就會想是「分類」。不過這個印象也並沒有錯。一談到「統計學」大家立刻聯想到是一種很難的數學，所以有必要改變觀念，不妨把它當作「分類的學問」來想。分類時的計數性分類稱之為層別，也就是將數據分類為品種別、地區別、負責人別等。如果我們說層別方法的高明與否足以影響一切，是一點也不誇張的。不進行層別，那麼即使運用再高級的統計方法，仍然無法得到好的資訊。拿到數據後首先進行層別是統計處理的第一步，接著是注意層別後之圖表（或柏拉圖）裡的變異。或許正確一點應該說一邊觀察是否有變異出現，一邊進行各種層別。如果什麼都不注意，只是一味地進行層別，那是沒有什麼意義的。再強調一次，要一邊觀察變異情形，一邊進行層別。

　　來看看一家塗料（油漆）工廠的例子。有一次一位講師和這家工廠負責營業的常務一起巡視所有的營業處，在南部的營業處時，由於難得常務從總公司來了，大家就提出了各種要求的檢討事項。

　　其中有人提議：「由於我公司的塗料比其他對手公司的價格高出很多，所以不太好賣，能不能想辦法請公司方面降價？」這位脾氣很好的常務聽了意見後回答「我會想辦法好好處理」。但是講師認為正是這種情況，更有必要仔細了解一下實際情形。

　　於是便針對南部營業處的某家銷售店做了業績狀況的調查。關於塗料的銷售額，可以依業績多寡順序排列出各銷售店之方式來畫出柏拉圖，不過這並沒有太大的意義。因為這種統計方式所顯示的結果一定是規模較大的販賣店，銷售額也會較高，這樣只能知道一些理所當然的事實。

層別（或稱分層）為何需要，有以下幾個原因：
1. 清晰數據結構。
2. 數據易於追蹤。
3. 把複雜問題簡單化。
4. 排除原始數據的異常。
5. 規範數據分層，開發一些中間層數據，能夠減少極大的重複計算。
6. 排除業務的影響，不必改一次業務就需要重新接入數據。

　　於是依照店的規模將銷售店分爲 A、B、C 三等級，針對同一等級（規模）的銷售店，比較其銷售業績。例如圖 7-1 就是 A 等級銷售店的銷售額，實情以圖表表示後的結果。由圖可以發現除了上位的二家之外，其他銷售店的銷售幾乎都半斤八兩，沒有太大的差別。而 a、b 兩家店的銷售額則相當的高，也就是說銷售額會因店之不同出現變異。另外，還明白一個事實是價格過高，應該賣不出去的商品，還是有的店賣得相當好。

　　對層別後的變異情形加以注意的就是 QC。爲什麼會出現變異必須追究其原因。於是我們就委託調查實情以追究其原因。調查商品暢銷的 a 店與其他銷路不佳的店之間的差異。此事與現場不良問題中要徹底比較良品與不良品的觀念是相同的，徹底觀察差異才能追究原因。

層別就是「分類的學問」，對層別後的變異情形加以注意的就是 QC。不進行層別，那麼即使運用再高級的統計方法，仍然無法得到好的資訊，徹底觀察差異才能追究原因。

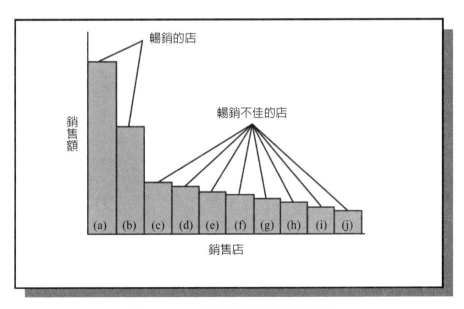

圖 7-1　A 級銷售店的塗料銷售額

　　結果發現不同在於 a 店完全按照廠商指示，對來店買塗料的客人說「5 年保證」的優點。一般的油漆經過 2、3 年就需重漆一次，所以這個商品雖然表面上價格較貴，但由於它有 5 年的保證期間，所以其實是比較便宜、值得買的，在客人來時都會向他們做這樣的解釋。因此，雖然價格稍高，客人還是會買。

　像這樣的，終於追查出塗料賣不好的原因是在於銷售店的賣法出了問題，進一步也了解到廠商的方針〔也就是 5 年保證的賣點（sales point）〕的貫徹工作上做得極不徹底。

　明白了原因之後，不只南部的營業處，整個公司的營業部門立刻決定把商品的 5 年品質保證之說明在銷售中貫徹實施。

　如果沒有針對實情進行調查，追究出真正的原因，負責營業的常務可能會採取很平常的處理，很輕易地就答應南部營業處所提出的降價要求。

　仔細觀察實情，追究真正的原因，掌握原因之後設法除去其原因，這些步驟乃 QC 的定式，關於這一點一定要了解才行。

　在前章已經說過，「現象」與「原因」必須區分清楚。銷售部門或營業處為了了解為什麼這個月業績沒有達成，查看了所負責的區域內各銷售店的銷售額圖表（或柏拉圖），結果說原因是因為「某處的一家銷售店和某處的另一家銷售店的銷售額太少所造成」。但是，銷售額的柏拉圖或圖表終究只是顯示「現象」而已，並未顯出真正的原因。它只是把「賣得不好」的現象顯示出來而已，所以如果沒有深入調查背後的「真正原因」，真相是不會大白的。

　若是常問營業部門：「銷售不佳的原因是什麼？」，他們總會回答：「原因知道啊！一定是……」，但「銷售額」的數據是「結果」的資料，所以只能了解「現象」。要掌握「原因」，一般都必須進行實情調查，靠臆測是無法掌握「真正原因」的，也就是說，最後還是要「深入觀察事實」。

　但是，這裡有一點很重要必須強調的是，雖然銷售額這種數據只能顯示「現象」，但並不能因此就認為這些資料是沒有價值的。

　想要更有效率地追究「真正的原因」，顯示「現象」的數據仍是不可或缺的。就好像在檢舉小偷時，顯示「現象」的數據才能提供我們犯人在哪裡，以及應該如何掌握相關的線索。也只有顯示「現象」的數據才能更有效率地縮小對象，指引我們調查的方向。因此，能否對表示「現象」的數據善加層別、活用，還得要看有沒有統計的細胞才行！

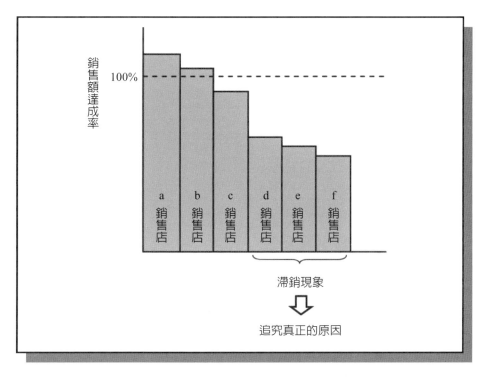

圖 7-2　掌握原因

　　從滯銷的現象中找出真正的原因才是品管的根正之道。與其無的放矢,不如瞄準靶心,才是上策。

7-3 柏拉圖與重點導向和「管制圖」的精神

1.柏拉圖與重點導向

　　柏拉圖是依照損失的大小順序將不良項目列出，儘可能從大項目著手改善的一種手法。它的觀念是基於「重要的致命傷通常只是一小部分」（vital few）。亦即不良的項目雖然成堆，但只要針對最嚴重的2、3個不良項目加以改善，大部分（80%左右）的不良（trial many）就可以除去。換句話說就是「重點導向」，亦即重點式的攻擊是最具效率的。

柏拉圖就是「重點導向」的想法。它的觀念是基於「重要的致命傷通常只是一小部分」（Vital Few），只要針對最嚴重的2、3個不良項目加以改善，大部分（80%左右）的不良（Trial many）就可除去。

　　談到柏拉圖常常碰到很有趣的事，那就是常常把它的正確名稱「柏拉圖」（pareto，學者名稱）唸成「行列圖」（parade），大概是因為圖中的柱子看起來像行列，所以才弄錯的吧！

　　在國內某公司事務部門的全公司發表會上，服務於南部地區的某女性員工把自己一個禮拜的業務時間做了分析，畫成柏拉圖，但是仔細看它的標題，也是把「柏拉圖」寫成「行列圖」。但是事例內容相當精彩，獲得當天發表會中的總冠軍。協理在大受感動之餘，居然興高采烈地說：「以後我們公司都不再用柏拉圖，就用行列圖來做吧！」

　　這張柏拉圖把一個禮拜的業務時間的分析結果，依照項目別加以分類。她是身為分店長的專屬祕書，為了取得分店長的決裁必須讓他蓋章，但分店長不在的時間居多，使得事務常因此而耽擱。所以重要的決策姑且不談，不重要的事務如能授權，決定什麼需要或不需要蓋章，那麼就可以撥出很多時間去做更重要的事情。

　　在當時的女性品管圈的發表裡，雖然有一般的合理化主題，但很少像這個例子一樣，針對工作的內容，評價其重要性並加以合理化，所以我也給予很高的評價。

2. 管制圖的精神

不論是生產現象或銷售工作，要判斷某個業務的「管制是否順利進行時，首先第一個步驟是看這個業務在「判斷異常的作法」上是否明確。

第二個步驟是「若有異常是否採取處理對策？」。雖然只是這兩個簡單的問題，卻大部分都得不到明快的答案，像這種情況被加上「管制不實」的烙印也是無可奈何的。

其中，第一步驟的「判斷異常的方法」不明確者居多。像這樣「管制」是不可能順利進行的。因為只要有「異常」出現時，再明確採取對策就行了，但如果「判斷異常的方法」不明確，處理對策也將沒有依據可循。所以不是完全不採取處理對策，就是對策反覆無常。

所謂「異常」就是「異於常態」。所以，如果無法掌握「常態」，那異於常態的狀況也將無法明確。換句話說，「定常狀態」無法掌握的話，「異常狀態」就無法判斷。為了能夠明確判斷「定常」與「異常」，一般都使用「管制界限線」，使此界限線明確並將數據描繪出來就成了「管制圖」。

要判斷某個業務的「管制是否順利進行時，首先第一個步驟是看這個業務在「判斷異常的作法」上是否明確。第二個步驟是「若有異常是否採取處理對策？」

管制圖是品管常用的工具，是由 Shewhart 提出，管制圖有如交通號誌燈，它可顯示問題的現象，讓我們及早發現並注意。但它並不能告知原因，仍須我們去探討、去了解究竟。

7-4 從「圖形」到「管理圖形」

在單純的圖形（圖 7-3）裡，如果覺得第 2 點太高，那麼同樣的也一定會覺得第 6 點太高。另外，如果第 3 點太低，那麼第 1 點也一定會覺得太低。像這種「太高」或「太低」的感覺完全只憑主觀、自我的判斷。所以，現在像管制圖一樣，在上下各畫一條管制界限線看看（圖 7-4）。

上面的界限線稱為管制上限線，下面的稱為管制下限線。這麼一來，跑出上下界限線之外的點就只有第 2 點了。也就是說只有第 2 點是「異常」，感覺太高的第 6 點及太低的第 3 點和第 1 點都不是「異常」。

像這樣的，如果不只是單純的圖形，而是在圖形的上下各畫一條管制界限線的話，任何人都可以客觀地判斷出異常。

在利用數據觀察現場的問題時，不能只看單純的圖形，必須看「管制圖」。一旦判定有「異常」時，應立即採取對策。也可以說「管制界限線」使處理對策有更明確依循，而所謂處理對策則是指追究異常原因並設法除去原因。

但是，要如何設定管制界限線呢？在「管制圖」裡，一般都以 3（標準差的 3 倍）法來計算求得，不過一般的部門（尤其是事務部門），只要有「管理圖形」就很夠了。「管理圖形」的界限線只要依據方針、靠經驗來設定即可。換句話說，關於兩種圖形的管制界限線的設定其情形如下：

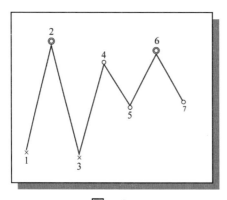

圖 7-3

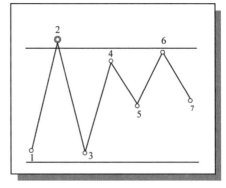

圖 7-4

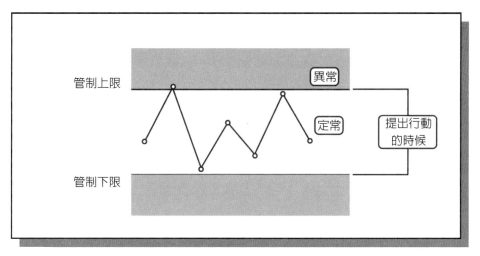

圖 7-5

1. 管制圖——利用「計算」求出。
2. 管理圖形——依據「方針」決定。

　　管理圖形與管制圖外觀類似，但意義不同，前者是自行設定管制界限，但後者是利用統計方法來設定的。

7-5 「異常」的意義

　　假設營業部門等，在畫銷售額達成率的管理圖形時，以 100% 為中心，設定上限 +20%，下限為 -5%（如果 100% 為非達成不可的目標，不得低於此限的話，也可以設定 -0% 為下限作為其方針）。假設現在銷售額達成率只達成 92%，那麼由於它低於 95%，所以仍然視為「異常」，應追究原因並除去之。那麼如果銷售額達成率達到 150% 的話，又如何呢？因為這也超出管制上限線的 120%，仍然屬於「異常」，還是要追究、除去原因。

　　但是，營業部門裡有些人會有這樣的疑問：「姑且不談銷售額達成率低的情形，銷售額愈高應該是愈好才對，為什麼太高時仍然要當作「異常」處理並追究原因呢？」

　　這是「管制觀點中的重點，所謂「異常」就是「異於常情」，不論太好或太壞都與「常情」有異。也就是說凡是「過猶不及」都是異於常情，太好或太壞都要視為異常並進一步追究原因才有價值。以上述銷售額達成率高達 150% 的情形來說，為什麼銷售額會變得這麼高，追究之下可能發現許多原因，例如銷售目標設得太低、市場狀況不斷產生變化、促銷政策奏效或只是單純性的強制推銷奏效等。不深入了解這些原因，只看到表面就說「不錯、不錯」，這樣實在有點可惜。

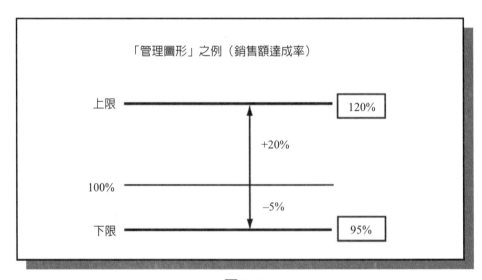

圖 7-6

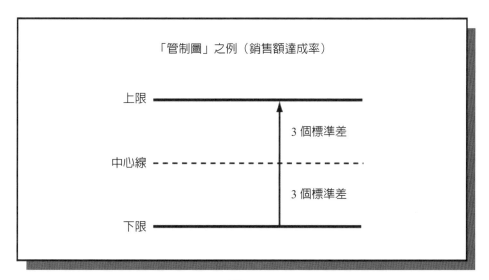

圖 7-7

　　管制圖的界限設計是以母體服從事
態分配為基礎，以中心線上下各加 3 個
標準差所設計的，落在此範圍的數據改
為 99.7%，換言之，只有千分之 3 的機
率不包含在此範圍中。

Note

第8章
品管的哲學

8-1 品管定律

　　菲利浦 · 克勞斯比（Mr. Philips B. Crosby）提出改進品質管理的 4 個基本概念，亦即 4 條品管定理，並旨在回答以下 4 個問題：
1. 什麼是品質？
2. 需要什麼樣的系統才能產生高品質？
3. 應該運用什麼樣的執行標準？
4. 需要什麼樣的評估系統？

　　克勞斯比在他的《不流淚的品質》（Quality without Tears）一書中提出品質管理四大定律（absolutes for quality management），所謂品管定律就是改進品管的 4 個基本概念，以下就其進行說明。

定理一是「品質合乎標準」

　　即「品質符合要求的標準」，這是克勞斯比對品質的界說。他認為「符合要求的標準」在各個領域都有清楚明確的定義，不會被人所誤解，「我們依據這個標準去評估表現，不符合就是沒有品質，所以品質問題就是合不合標準的問題」。

定理二是「以防患未然為品質管理制度」

　　預防是品質管理最為需要的，而「所謂預防，是指我們事先了解行事程式而且知道如何去作」，它來自於我們對整個工作過程的深切了解，知道哪些是必須事先防範的，並應盡可能找出每個可能發生錯誤的機會。這一定理認為檢查、分類、評估都只是事後彌補，因而「提升品質的良方是預防，而不是檢驗」。

定理三是「工作標準必須是零缺陷」

　　強調「第一次就把事做對」。克勞斯比是這樣來理解「零缺點」觀念的：人們從小接受的便是「人非聖賢，孰能無過」的觀念，當他們踏入企業生活時，這樣的觀念已經根深蒂固。簡言之，人們有雙重標準，在某些事情上，人們視缺陷為理所當然，而在另一些事情上，人們卻要求絕對地完美無缺。克勞斯比進而認為，「釀成錯誤的因素有兩種：缺乏知識和漫不經心。知識是能估量的，也能經由經驗和學習而充實改進；但是，漫不經心卻是一個態度的問題，唯有經由個人徹底的反省覺悟，才有可能改進。任何一個人只要決意小心謹慎、避免錯誤，便已向「零缺點」的目標邁進一大步。」

定理四是以「產品不合標準的代價」衡量品質

　　這裡主要是認識到品質成本，尤其是「不合要求的花費成本」。所謂「不合要求的花費成本」是指所有做錯事情的花費，這一花費累計起來是十分驚人的：「在製造業公司約占總營業額的 20% 以上，而在服務業更高達 35%」。而「符合要求的花費」，包括大部分專門性的品質管理、防範措施和品質管理教育等，即為了把事情做對而花費的成本。

```
          ┌── 定理一：品質合乎標準
          │
          ├── 定理二：以防患未然為品質管理制度
  品管
  定律 ───┤
          ├── 定理三：工作標準必須是零缺陷
          │
          └── 定理四：以「產品不合標準的代價」衡量品質
```

知識補充站

　　菲利浦・克勞斯比（Mr. Philips B. Crosby, 1926～2001）出生於西維吉尼亞州的惠林市，病逝於美國美國北卡羅納州海嵐市，享年七十五歲。為八十年代的美國企業吹起 TQM 號角，使他的名聲能與戴明、朱蘭等並列，有開啟美國與歐洲品質革命之譽。以「零缺點」、「品管免費」、「不流淚品管」聞名於世。克勞斯比在去世前除了《品管免費》與《不流淚品管》等著作外，尚有《削減品質成本》、《情境管理策略》、《獲得你自己妙法之藝術》、《管理事物》、《永遠成功的組織》、《來談品質》、《領導》、《完美無缺》等共 15 本之多，行銷全球，無遠弗屆。

8-2 品管疫苗

總結以上說明，此處彙總對抗品管問題的有效疫苗，可以免除困擾，預防失敗。

1. 共識

(1)公司最高主管必須致力於使客戶得到的產品合乎要求，堅信唯有公司全體皆有此共識，公司才可能業務鼎盛，並且決心使客戶及員工都不會有所困擾。

(2)公司執行主管必須相信，品管是管理工作中最重要的一環，比進度、成本都重要。

(3)所有的員工都了解，唯有他們一致達成公司的要求，才能使公司健全。

2. 系統

(1)品管系統必須做到能反映產品是否合乎要求，並迅速顯示任何缺失。

(2)品管教育系統（Quality Education System）必須做到使每個員工充分了解公司對品質要求的程度，並明白自己在品管工作中所擔負的責任。

(3)用財務管理的方法，分別計算出產品品質合乎要求和不合乎要求的成本，並依據此評核工作程序。

(4)調查顧客對產品與服務的反映，以改正缺失。

(5)全公司都重視預防缺失，利用過去和目前的經驗，不斷檢討和計畫，以防重蹈覆轍。

3. 溝通

(1)讓所有員工隨時知道現行品質改進工作的進度和已有的成就。

(2)認清各階層負責人都要執行品管的工作，並且是正常的作業程序。

(3)公司中的每個人都能毫不費力地迅速向高級主管反映任何工作上的缺失、浪費或改進的機會，並且能很快地獲得答覆。

(4)每次的管理會議，應以事實為根據，利用財務評估來檢討品管工作的進行狀況。

4. 實際執行

(1)要使供應商接受教育，並獲得公司的全力支持，以確定他們會準時交貨，並且品質可靠。

(2)公司的工作程序、產品、制度等，在實際執行前都需經過測試並證明可行，此後並需把握任何改進的機會，隨時檢討、改進。

(3)所有職務都定時舉辦訓練活動，並將之列為新工作程序的一部分。

5. 確定政策

(1)對品質的政策〔或稱方針（policy）〕清楚而不含糊。

(2)公司的產品和服務必須完全符合對外宣傳的標準。

知識補充站

戴明在耶魯大學獲得數學物理學（Mathematical Physics）博士學位後，到首都華盛頓農業部任職，這期間利用一年的假期到英國倫敦大學與費雪（R. A. Fisher）作統計方面的研究，費雪於 1920 年首創統計學，是統計學界的泰斗。這經驗讓戴明將統計學應用於品質管理，從而創立了一套自己獨特的品管理論。

於 1950 年起展開對日本企業一連串的品管指導工作，自此近 30 年的時間密集前往日本共計 27 次，可以說日本的品管風潮是由他一手親自帶動

的。為了感謝他對日本品管的貢獻，日科技連以戴明之名設立了品質獎，在日本產業界是一項極高的榮譽。

身為統計學家，戴明的終身使命是要尋找改善問題的源頭。鑑於先前統計方法未能持續實施，他反覆思考導致過去失敗的原因，設法避免重蹈覆轍。他逐漸歸納出必須有一套可與統計方法搭配應用的務實管理哲學。1950 年他應邀訪日時，就擬訂了一套新原則，準備傳授給日本人，並於其後 30 年不斷修正擴充。

他稱這套原則為「14 要點」。戴明說，其實它們不見得總是恰好有 14 點。當戴明在 20 年前，初次讓它訴諸文字時，頂多只有 10 點。此外，有一些問題在日本並未出現。例如，14 要點的第 8 點「排除恐懼」，就無需對日本人提出，當年的日本人為了振興國力，人人竭誠合作，他們對雇主毫不懷疑，且把雇主視為恩人，雇主和員工可說是「一家人」。同樣的情況，第 12 點「排除阻礙員工創造工作光榮表現的因素」，也不需向日本人講解。對日本人而言，改善不是難事，沒有人害怕改善。

戴明回到美國後，才發現企業裡充斥著恐懼、阻礙、口號過多等問題。這些問題，統統反映到戴明的「14 要點」上。若干年後，他又作了若干補充，提出所謂的「7 項致命惡疾」。「7 項致命惡疾」後來也經一番修改，增加新項目，把被取而代之的項目降為另一類「障礙」。接下來，我們將分別檢視各項「要點」、「致命惡疾」以及「障礙」，盼能提供一份廣泛的改革處方，讓各公司根據各自的文化調整應用。

8-3 14項實施要點

1.建立恆久不變的目標，以利持續改善產品與服務
戴明博士主張為公司的角色賦與全新的定義。他認為，公司不應光想賺錢，而應該透過創新、研究、持續改善、維護，使公司在業界屹立不搖，提供就業機會。

2.採取新的哲學
美國人太能容忍不良產品與服務了。我們應該建立一種新的「宗教」——拒斥錯誤與消極。

3.停止倚賴大量的檢驗
美國公司通常在產品離開生產線，或進入某些重要階段時才檢驗。如果發現產品有缺陷，不是丟棄，就是重新修改，兩種作法皆造成不必要的浪費。員工製造不良品時，公司必須付給工資；重新修改時，又要給付工資。獲得好品質不能靠檢驗，而要靠改善製程。

4.不再僅以價格為採購之考量標準
採購部門習慣於尋找價格最低的供應商下單，結果往往導致所購得的材料品質低劣。他們應該設法尋找品質最好的供應商才對，而且無論任何品項，都應該儘可能與單一供應商建立起長久的合作關係。

5.持續不斷地改善生產與服務系統
改善的工作無法一勞永逸，管理者必須不斷找尋新方法，以減少浪費並改善品質。

6.實施訓練
員工的工作方法往往學自另一名未曾受過正確訓練的員工。他們別無選擇，只能遵從一些並不高明的指示。由於沒有人給他們正確的指引，導致他們無法勝任工作。

訓練的種類：在職訓練、工作外訓練、自我發展訓練。

訓練的方法：在職訓練（On-the-Job Training, OJT）、工作示範（behavior modeling）、工作輪調（job rotation）、師徒制（mentoring）、教練法（coaching）等。

7. 發揮領導力

管理者的職責不只是告訴部屬怎麼做，或懲罰不遵旨行事的部屬，更重要的是要發揮領導力。而所謂領導力，則包括協助部屬把工作做好，以及借助客觀的方法找出需要個別協助的部屬。

8. 排除員工的恐懼

許多員工即使無法了解職責所在，或難以分辨是非對錯，仍不敢發問或表明處境。於是，他們繼續以錯誤的方式執行，甚至根本停止某些工作的進行。恐懼所造成的經濟損失相當驚人，若要改善品質、提高生產力，就必須先讓員工有安全感。

9. 打破部門藩籬

不同部門或單位之間往往存在著競爭關係，甚至有些目標相互矛盾。他們非但難以團結合作，共同預測問題、解決問題；更糟的是，某一部門所致力追求的目標，也許會對另一部門造成困擾。

10. 避免對員工喊口號、說教，甚至為他們設定工作目標

它們無助於把工作做好，應該讓員工自行提出口號。

好的領導者通常具有下列特質：
1. 塑造願景：具前瞻眼光、能為組織設定對的方向，並定出目標與優先順序。
2. 勝任專業：能充分掌握所在產業環境、專業領域現況，有能力作策略思考。
3. 膽識擔當：能挑戰舊習、在資訊不足的情況下決策，並願意承擔風險。
4. 用人與授權：藉由授權和責任分擔，培養出新的接班人。
5. 溝通協調：具清晰表達、傾聽不同意見，營造說真話環境的能力。
6. 鼓舞人心：提振士氣、肯定同仁貢獻、讓工作夥伴樂於加入行列。

11. 消除數字配額

配額只考慮數字，而不考慮品質或方法。因此，實施配額制度的結果，八成會導致效率降低、成本增加。有些人甚至爲了保有職位，不計代價達成配額，受害的反而是公司。

12. 排除阻礙員工能求取工作成就的因素

很多人渴望把事情做好，做不好，他們就會覺得沮喪。影響工作表現的因素，包括主管指導方向錯誤、設備有問題、材料有瑕疵等，這些障礙均需加以排除。

不要忘了員工的錯誤，百分八十五都是主管要負責的。
處理現況＋檢討錯誤＋預防措施＝負責任

13. 實施活潑的教育與訓練計畫

無論管理階層或員工，都必須學習新方法——團隊合作的方法，以及統計的技巧。

教育與訓練計畫必須包括：
確立與評估教育訓練目標，蒐整內部教育訓練需求，擬定教育訓練計畫，執行教育訓練計畫，教育訓練的效益評鑑。

14. 積極採取行動，達成改善品質的使命

爲了達成改善品質的使命，最高管理階層必須成立專案小組，擬訂行動計畫，因爲基層員工與中階經理人無法自行達成目標。

以下是六個你應該積極行動的理由：
1. 知識透過行動才有力量。
2. 積極行動才能創造價值。
3. 行動能帶來快樂。
4. 有錢人跟窮人最大的分別便是「行動」。
5. 什麼樣的人採取什麼樣的行動。
6. 要成功，就得積極行動。

知識補充站

　　戴明（Dr. William Edwards Deming, 1900-1993）是當代品質大師，也是一位摩頂放踵以利天下的智者和啓蒙者。他首先將統計學應用於品質管理，創立了一套自己獨特的品管理論。他一生遊走世界各地傳授他的理論，於 1950 年獲聘到日本指導，為期近 30 年，帶動日本品管潮流，提升日本產品的品質，日本裕仁天皇特頒二等瑞寶獎（The Second Order Medal of the Sacred Treasure），感謝他的貢獻。及至 1980 年他的理論在美國本土也受到重視，美國企業爭相禮聘他輔導產品品質的改進，成效卓著，榮獲美國總統雷根頒發國家科技獎章（National Medal of Technology）。在二十世紀的工業經濟時代，製造業成為產業主流，戴明致力於產品品質的改進，對經濟發展有莫大貢獻，「品質大師」之美譽，實至名歸。

8-4 7項致命惡疾與各種障礙

1. 缺乏恆久不變的目標
　　所謂缺乏恆久不變的目標，指的是公司對於「如何在業界屹立不搖」欠缺一套長程計畫，這樣的公司無法帶給管理階層或員工安全感。

2. 重視短程利潤
　　爲了提高每季股利，而犧牲了品質與生產力。

3. 實施績效評估、制定考績等級、進行年度考核
　　這些作法會嚴重的破壞團隊合作，促成敵對。考績制度不僅會造成恐懼，導致員工痛苦、灰心、挫折，還會促使管理階層流動頻繁。

4. 管理階層流動頻繁
　　經常跳槽的經理人，永遠無法了解他所服務的公司。而且，對於改善品質與生產力所需的長程變革，也無法全程參與。

5. 僅依看得見的數字經營公司
　　最重要的數字往往是那些看不見、無法取得的數字。例如，讓某位顧客滿意所帶來的乘數效果便無法估量，無形效果是遠大於有形效果的。

6. 醫療開支偏高
　　此項致命惡疾爲美國所特有。美國的醫療支出約占 GDP 的 16%，爲世界之冠。台灣的醫療支出約占 GDP 的 6%。

7. 法律方面的開支偏高
　　此項致命惡疾亦爲美國所特有，美國商品責任法是以無過失責任（Strict Liability）爲法律上的規則事由。因商品的缺陷造成損害，企業應付連帶賠賞責任。

　　除了上述「致命惡疾」外，戴明還列出一種雖會影響生產力，但程度較輕微的「障礙」。

1. 忽視長程規劃與轉型
　　即使長期計畫已經訂定，它們也常常被「急事先辦」爲由，閣置在一旁。高層管理人員的時間，往往爲一些瑣事所占。開會和處理急事，也可能占掉經理人大牛的時間。眞正做好管理工作，這些就不該是重點。

2. 誤以為科技可以解決問題
　　讓辦公室自動化、採用精密裝置、新型機器，就可以使企業轉型。美國人喜歡新的科技，但這些東西卻不是積弊已深的「品質」與「生產力」問題的解答。

3. 尋找模仿對象
　　許多公司喜歡蒐集其他公司解決問題的範例，企圖依樣畫葫蘆。這種作法有相當的風險。戴明強調，例子本身學不到東西，必須深入了解其成敗原因，才能有所幫助。

4. 自認為本公司的問題與眾不同
　　這種說法經常被拿來當做藉口，甚至以此當作逃避責任的說詞，漠視問題的存在，以至於習以爲常。

5. 學校教育跟不上時代

戴明指的是，美國商學院把財務、會計這些理論上可行的課程，當做可以在課堂上傳授的管理技巧，無需實地到工廠邊做邊學習。

6. 倚賴品質管制部門

品質要靠管理階層、監工、採購經理、生產線員工的努力，這些人最能對品質有所貢獻。至於品質管制部門掌握的數字只能代表「過去」，對於「未來」他們無法預測。然而，有些經理人卻往往被數字迷惑，繼續把提升品質的重任交在品質部門手裡。

7. 把問題全怪在員工頭上

員工只需對 15% 的問題負責，另外 85% 則歸咎於制度。制度好壞，則是管理階層的責任。

8. 透過檢驗求取品質

凡倚賴大量檢驗保證品質的公司，永遠都無法改善品質。透過檢驗發現問題，不僅為時已晚、不可靠，效果也不彰。

9. 假行動

草率灌輸傳授統計方法，卻未相對的修正公司經營哲學，就是所謂的假行動之一。另一個近來十分風行的假行動則是「品管圈」。品管圈的構想非常吸引人，因為「生產線的員工可以指出錯誤所在，並告訴我們如何改善。」但戴明發現：「只有在管理高層願意根據品管圈所提的建議採取行動時，這個品管圈才可能繼續發展。」如果管理階層毫無參與的興趣（通常如此），品管圈就會解體。

不過，假行動可以帶來短暫的心安，讓人覺得事情有改善的希望。戴明叫它們「速食布丁」。

10. 電腦設備未有效使用

戴明說，雖然電腦有其重要性，但它也可能成為堆滿「永遠用不上的資料」的儲藏所。購買電腦有時只是因為似乎「理應如此」，而未真正計畫如何使用。電腦令員工困惑，也對員工構成威脅，更常是公司未施予適當訓練所致。

11. 迎合規格標準

這是在美國做生意的通則。有意提升品質與生產力，光是迎合標準是不夠的。標準先於 QC 是不行的。

12. 對原型測試不夠

原型樣品在實驗室裡往往表現絕佳，一旦實際生產，問題就來了。

13. 任何有意幫助我們的人，必須完全了解我們的企業

戴明經常接下一些他不熟悉的行業的案子。他發現，一個人可能對某家企業瞭若指掌，卻不知如何改善。「助力反而往往來自其他方面的某種知識。」

14. 統計方法的誤解、誤用

戴明目睹統計方法遭美國工業的揚棄，因此他知道此法不足以成事，正如日後他經常掛在嘴上的一句「任何人如果只實施統計方法，不出三年必遭淘汰」。誤用統計於知識管理，形成「為分析而分析」，對解決問題並無幫助。

　常見的統計誤用是資料取得未符合統計原理，未依收集資料屬性選用適當的統計方法，應為小樣本統計方法卻採大樣本統計方法，誤將相關係數解釋為因果關係等。

常見的統計誤用類型有：
1. 去除不利數據。
2. 以偏蓋全。
3. 輕率類化。
4. 估計錯誤的誤報或誤解。
5. 錯誤的因果關係。
6. 深挖數據。
7. 數據操縱等。
　　數據操縱指的是選擇性使用數據或甚至捏造數據的作為。選擇性使用數據的狀況很多，最常見的例子就是選擇那些模式符合研究者所偏好的假說的結果，而忽略掉其他那些和假說不合的結果。數據操縱是統計分析誠實性上一個非常嚴重的問題；不過離群值、數據缺失和非常態性都會對統計分析的真確性造成負面的影響，在分析開始前，研究數據本身並對其確實存在的問題進行修補是合理的。

Note

第2篇
品管手法

第9章
品管七手法

9-1 QC式問題解決步驟

第一次南極探險隊隊長也是戴明獎個人獎獲獎人西堀榮三郎在「品質管理心得」（日本規格協會）中，說了以下這番話。

「人的個性是無法改變的，可是能力卻可改變。能力就像氣球一樣，體積總是能改變的。認爲『那傢伙是鄉下人所以不行』或斷定『那人未從學校畢業所以差勁』像此種的認定是非常不對的。由於可以改變，所以無法武斷的下斷言。」

我們談到能力或創造性時，很容易認爲這僅是特殊的人所擁有的天賦能力，事實不然。「能力」是許多行動的累積，經由「經驗」與「學習」的重複而得以形成。

以往我們所尊重的是博識多聞的人，但現代社會所需要的理想人員已變成是具有「發現問題能力」與「解決問題能力的人」。能根據新的資訊、迅速展開行動、掌握眞正原因的人才是最理想的。

所謂「問題解決的步驟」，即爲「爲了有效率、合理、有效果的解決問題所應依循的步驟。若能按此步驟去著手問題時，不管是哪一種困難的問題，不管由誰或由哪一小組，均能合理且合乎科學的解決，此稱爲問題解決的法則」。

問題解決的步驟也可稱爲「改善的步驟」，分成以下七個步驟來說明。

步驟 1　問題點的掌握與主題的決定

掌握問題點，即著眼以下幾點：
1. 與過去的實績比較，看看傾向的改變方式是否有問題。
2. 與應有的型態與理想相比較，找出弱點及應改善、提高的地方。
3. 調查是否達成上位方針的目標。
4. 檢查規格或規範，調查是否有不良。
5. 檢討是否或影響後工程，是否充分履行任務。
6. 與相同立場的布署，其他分店、其公司的狀況相比較，找出過程或結果的優缺點。
7. 檢討在進行工作方面有何困難的地方。
8. 以重點導向的想法，從許多的問題點中決定主題。
   (1) 對於問題點決定重要度的順位。
   (2) 預測所能期待的效果後決定之。

步驟 2　組織化與活動計畫的作成

1. 決定解決問題小組與負責人。
2. 決定解決問題活動的期間。
3. 分擔協力體制、任務。
4. 製作問題解決的活動計畫書。

步驟 3　現狀分析

明確特性值，就此蒐集過去的數據，掌握現狀。

1. 特性值的實績如何。
2. 不良的造成是最近的傾向，或是數個月或數年程序的呢？
3. 平均值有問題嗎？變異是否過大。

步驟 4　目標的設定

1. 設定想達成的目標。
2. 明確衡量問題解決效果的尺度（特性值）。
3. 重估活動計畫，是需要加以修正，並決定活動的詳細內容，且分配任務。

步驟 5　要因解析

1. 藉著技術上、經驗上的知識考察特性與要因之關係，整理成特性要因圖。
2. 使用查核表收集有關事實的資料、數據。
3. 使用 QC 手法解析特性與要因之關聯。

使用過去的數據、已加層別的日常數據、利用實驗所得之數據等，使用統計圖、直方圖、管制圖、散布圖、推定與檢定、變異數分析、迴歸分析等的手法加以解析，將解析結果加以分析整理。

步驟 6 改善案的檢討與實施

1. 收集創意、構想，對有問題的要因檢討對策案。
2. 決定改善案。
   (1) 評價對目標有無效果。
   (2) 能否比以往更快、更方便、更正確的評價。
3. 製作臨時標準、作業標準，或加以改訂。
4. 就新的作法實施教育與訓練。
5. 基於臨時標準實施改善案。

步驟 7　確認改善效果

1. 使用 QC 手法查核改善效果。
   (1) 比較目標與實績並加以評價。
   (2) 比較改善前與改善後並加以評價。
   (3) 掌握改善所需要的費用。
   (4) 調查前後工程的影響。
   (5) 查核對其他的管理特性是否會產生負面影響。
2. 確認效果，掌握有形的效果、無形的效果。
3. 效果不充分時回到步驟 5 或步驟 6，再重複解析與對策。

步驟 8　標準化與管理的落實

1. 效果經確認後即加以標準化。
    (1) 將臨時標準當成正式的標準。
    (2) 將工作的方法納入作業標準中。
    (3) 修訂規格、圖面等的技術標準。
    (4) 修訂管理作法的管理標準。
    (5) 將正確的作法予以教育訓練。
2. 維持標準，查核是否照標準進行工作，是否維持在管制狀態。
3. 就問題解決的進行方法加以反省，將優點、缺點加以整理。
4. 改善的結果整理呈報告書，謀求技術的儲存。

QC 式問題解決步驟的特徵
1. 有體系的。
2. 科學的。
3. 有效率的。
4. 經濟的。
5. 標準化的 SOP。

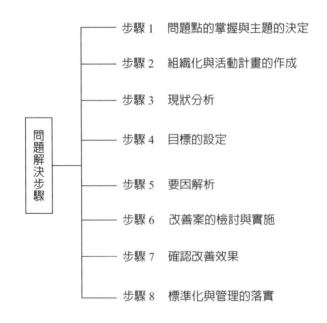

問題解決步驟

- 步驟 1　問題點的掌握與主題的決定
- 步驟 2　組織化與活動計畫的作成
- 步驟 3　現狀分析
- 步驟 4　目標的設定
- 步驟 5　要因解析
- 步驟 6　改善案的檢討與實施
- 步驟 7　確認改善效果
- 步驟 8　標準化與管理的落實

Note

9-2 QC七工具是什麼

品管七大手法是常用的統計管制方法，又稱爲初級統計管制方法。它主要包括管制圖、特性要因圖（因果圖）、直方圖、柏拉圖、查核表、散布圖、管制圖等所謂的QC七工具。

其實，品質管制的方法可以分爲兩大類：一是建立在全面品質管制思想之上，組織面的品質管制；二是以數理統計方法爲基礎的品質管制。

組織面的品質管制方法是指從組織結構、業務流程和人員工作方式的角度，進行品質管制的方法，它建立在全面品質管制的思想之上，主要內容有制定品質方針、建立品質保證體系、開展 QC 小組活動、各部門品質責任的分擔、進行品質診斷等。

表 9-1 問題解決所使用的 QC 七工具

QC 手法 （QC 七工具） 主要用途	問題解決步驟	掌握問題點	解析要因	查核改善結果	查管核理防的止落與實
特性要因圖	將要因巨細靡遺的找出並予以整理	◎	○		
柏拉圖	從許多問題點掌握真正問題	◎	○	○	
統計圖	使之能用眼睛觀察數據	○	○	○	○
查核表	簡單的蒐集數據，防止點檢遺漏	○	○	○	○
管制圖	調查工程是否處於穩定狀態	○	◎	◎	◎
直方圖	掌握分配的形狀，與規格比較	○	◎	◎	
散布圖	用成對的兩組數據掌握數據的關係		◎		

進行資料分析之前需要先將數據分層。分層法又稱爲層別法就是將性質相同的，在同一條件下收集的數據歸納在一起，以便進行比較分析。因爲在實際生產中，影響品質變動的因素很多，如果不把這些因素區別開來，則難以得出變化的規律。數據分層可根據實際情況按多種方式進行。例如，按不同時間、不同班次進行分層；按使用設備的種類進行分層；按原材料的進料時間；按原材料成分進行分層；按檢查手段；按使用條件進行分層；按不同缺陷項目進行分層等。數據分層法經常與上述的統計分析表結合使用。

> 品質管制的方法可以分為兩大類：
> 1. 是建立在全面品質管制思想之上，組織面的品質管制。
> 2. 是以數理統計方法為基礎的品質管制。

　　數據分層法的應用，主要是一種系統概念，即在於要處理相當複雜的資料，就需懂得如何把這些資料有系統、有目的地加以分門別類的歸納及統計。科學管理強調的是以管制的技法，來彌補以往靠經驗、靠視覺判斷的管制的不足。而此管制技法，除了建立正確的理念外，更需要有數據的運用，才有辦法進行作業解析及採取正確的措施。

> 進行資料分析之前需要先將數據分層。
> 分層法又稱為層別法就是將性質相同的，在同一條件下收集的數據歸納在一起，以便進行比較分析。

　　如何建立原始的數據及將這些數據，依據所需要的目的進行集計，也是諸多品管手法最基礎的工作。舉例來說，我國航空市場近幾年隨著開放而競爭日趨激烈，航空公司為了爭取市場除了加強各種措施外，也在服務品質方面下工夫。我們也可以經常在航機上看到客戶滿意度的調查，此調查是透過調查表來進行的。調查表的設計通常分為地面的服務品質及航機上的服務品質。地面又分為訂票、候機；航機又分為空服態度、餐飲、衛生等。透過這些調查，將這些數據予以集計，就可得到從何處加強服務品質了。
　　後續簡略說明各手法的性質及製作步驟。

9-3 查核表

　　爲了有效地把握發明創造的目標和方向，促進想像的形成，哈佛大學教授狄奧還提出了查核表法（Checklist），也有人將它譯成「查核表法」、「對照表法」，也有人稱它爲「分項檢查法」。

　　查核表法是在實際解決問題的過程中，根據需要創造的對象或需要解決的問題，先列出有關的問題，然後逐項加以討論、研究，從中獲得解決問題的方法和創造發明的設想，這種方法可以有意識地爲我們的思考提供步驟。

　　在第一次世界大戰期間，英國軍隊已經成功地使用這種方法，明顯地改善了許多兵工廠的工作。他們首先提出要思考的題目或問題，然後，在各個階段提出一系列問題，譬如：它爲什麼是必要的（Why），應該在哪裡完成（Where），應該在什麼時候完成（When），應該由誰完成（Who），究竟應該做些什麼（What），應該怎樣去做它（How）。

　　查核表法實際上是一種多路思維的方法，人們根據檢查項目，可以一條一條地想問題。這樣，不僅有利於系統和周密地想問題，使思維更帶條理性，也有利於較深入地發掘問題和有針對性地提出更多的可行設想。

　　這種方法後來被人們逐漸充實發展，並引入了爲避免思考和評論問題時，發生遺漏的「5W2H」檢查法，最後逐漸形成了今天的「查核表」。

　　有人認爲，查核表幾乎適用於各種類型和場合的創造活動，因而可把它稱作「創造技法之母」。目前，創造學家們已創出許多種各具特色的查核表，但其中最受人歡迎，既容易學會又能廣泛應用的，首推奧斯本的查核方法（最早由美國作家、廣告學專家 Alexander Osborn 提出，又稱奧斯本法）。

　　查核表法給予人們一種啓示，考慮問題要從多種角度出發，不要受某一固定角度的侷限，要從問題的多個方面去考慮，不要把視線固著在個別問題上或個別的方面。這種思考問題的方法，對於企業、事業單位和國家機關的管理者來說，也都是富有啓發意義的。

　　查核表在我們的企業中，看來是大有用武之地的。我們的企業在提高產品質量、降低生產成本、改善經營管理方面，它都能發揮甚大的潛力，如果企業領導能根據本企業存在的情況、特點和問題，制訂出相應的查檢單，讓廣大員工都能動腦筋，提構想，獻計策，透過群策群力，是必定可以取得顯著成效的。

　　查核表也是對數據進行整理和初步原因分析的一種工具，其格式可多種多樣，這種方法雖然較簡單，但實用有效，主要作爲記錄或者點檢所用。

製作步驟

1. 明確目的：為能提出改善對策資料，故必須把握現狀解析，與使用目的相配合。
2. 解決查檢專案：從特性要因圖所圈選的 4～6 項決定之。
3. 決定抽檢方式：全檢、抽檢。
4. 決定查檢方式：查檢基準、查檢數量、查檢時間與期間、查檢物件之決定並決定收集者、記錄符號。
5. 設計表格實施查檢。

查檢表種類有很多，以下就工程分配用檢核表，給予圖示如下。

表 9-2　工程分配調查用檢核表

工程分配調查檢核表																	課長	組長	班長
品名：AH 部品內徑尺寸　課　名：生產 3 課　日期：6 月 10 日（全） 規格：±0.05　　測定者：張三																	陸 六	王 五	李 四
No.	尺寸	次數的檢核															計		
		5	10	15	20	25	30	35	40	45	50	55	60	65	70	75	80		計
1	−0.07																		
2	−0.06																		
3	−0.05																		
4	−0.04	////																	4
5	−0.03	##	//																7
6	−0.02	##	##	##															15
7	−0.01	##	##	##	##	##	##	##	//										37
8	±0	##	##	##	##	##	##	##	##	##									45
9	+0.01	##	##	##	##	##	##	##	##	////									49
10	+0.02	##	##	##	##	##	##	/											31
11	+0.03	##	##	/															11
12	+0.04	/																	1
13	+0.05																		
14	+0.06																		
15	+0.07																		
記事	總生產數 14,379 個																合計		200

9-4 圖表

　　圖表代表了一張圖像化的數據，並經常以所用的圖像命名，例如圓餅圖主要是使用圓形符號；長條圖或直方圖則主要使用長方形符號；折線圖意味著使用線條符號。

　　圖表一字的用法，前面不一定永遠都會帶有統計稱呼，下列的圖表仍帶有統計的意含，但名稱並沒有統計一詞：

- ・數據圖可以是一組圖解（Diagram）或數理上的圖形（Graph），同時帶有量化的數據，或質性的資訊。
- ・海圖或航行圖，帶有額外指引等數據的地圖，也是圖表之一。
- ・英語裡的樂譜符號圖（Chordchart）或排行榜（Recordchart），在英語世界，也常被認爲是圖表的一種，但中文使用並沒有將其視爲圖表的習慣。

　　總之，圖表或統計圖表，通常是用來方便理解大量數據，以及數據之間的關係。讓人們透過視覺化的符號，更快速的讀取原始數據。現今圖表已經被廣泛用於各種領域，過去是在座標紙或方格紙上手繪，現代則多用電腦軟體產生。特定類型的圖表有特別適合的數據。例如，想要呈現不同群體的百分比？圓餅圖就很適合。同時，水平狀的條形圖也很適合。但如果想要呈現有時間概念的數據？折線圖或直方圖，就會比圓餅圖來得適合。

製作步驟

1.明確製作的目的
　　想用統計圖得知什麼？想表現什麼？要明確設定的目的。

2.收集、整理數據
　　配合製作目的收集數據。在繁忙的現場中收集數據時，最好利用檢核表。

3.選定統計圖
　　決定使用何種的統計圖。棒狀圖、折線圖、圓形圖等各有其特徵，在充分檢討之後選擇合乎使用目的者。

4.決定圖名
　　採用簡潔、只要一眼即可得知其內容，且有興趣著作爲圖名。

5.將數字加工
　　配合統計圖的目的好好檢討數據，如有需要則計算平均值、比率、指數等，然後將計算結果整理成表的形式。

6.決定構圖與色彩等
　　思考橫軸、縱軸的刻度比率，數字的最小值與最大值等，並思考整個統計圖的構圖，加線條與色彩也要一併決定。

7. 製作草圖看看

先嘗試以鉛筆畫看看。

8. 正式作圖

使用圓規與直尺，製作正確的圖形。

9. 檢討所完成的圖形

以下就常用的折線圖加以圖示如下。

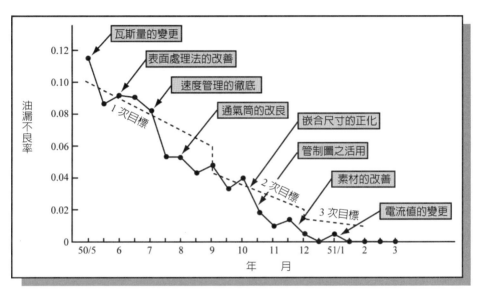

圖 9-1　油槽之油漏不良降低活動之折線圖

9-5 柏拉圖

柏拉圖（Pareto chart）又稱為重點分析圖、ABC 分析圖，由此圖的發明者 19 世紀義大利經濟學家柏拉圖（Pareto）的名字而得名。柏拉圖最早是用排列圖分析社會財富分布的狀況，他發現當時義大利 80% 財富集中在 20% 的人手裡，後來人們發現很多場合都服從這一規律，於是稱之為 Pareto 定律。後來美國品質管制專家朱蘭博士運用柏拉圖的統計圖，加以延伸將其用於品質管制。柏拉圖是分析和尋找影響品質主要原因的一種工具，其形式是用雙直角座標圖，左邊縱座標表示次數（如件數、金額等），右邊縱座標表示頻率（如百分比表示）。分折線表示累積頻率，橫座標表示影響品質的各項因素，按影響程度的大小（即出現次數多少）從左向右排列。通過對排列圖的觀察分析可抓住影響品質的主要原因。這種方法實際上不僅在品質管制中，在其他許多管制工作中，例如在庫存管制中，都是十分有用的。

在品質管制過程中，要解決的問題很多，但往往不知從哪裡著手，但事實上大部分的問題，只要能找出幾個影響較大的原因，並加以處置及控制，就可解決問題的80%以上。柏拉圖是根據收集的數據，以不良原因、不良狀況發生的現象，有系統地加以項目別（層別）分類，計算出各項目所產生的數據（如不良率、損失金額）及所占的比例，再依照大小順序排列，再加上一條累計曲線的圖形。在工廠或辦公室裡，把低效率、缺損、產品不良等損失，按其原因別或現象別，也可換算成損失金額的80%以上的項目加以追究處理，這就是所謂的柏拉圖分析。

柏拉圖的使用是以層別法的項目別（現象別）為前提，將順位調整過後才能製成柏拉圖。

製作步驟

1. 將要處置的事物，以狀況（現象）或原因加以層別。
2. 縱軸雖可以表示件數，但最好以金額表示比較強烈。
3. 決定搜集資料的期間，自何時至何時，作為柏拉圖資料的依據，期限間儘可能固定。
4. 各項目依照大小順位由左至右排列在橫軸上。
5. 繪上柱狀圖。
6. 連接累計曲線。

柏拉圖的圖示如下。

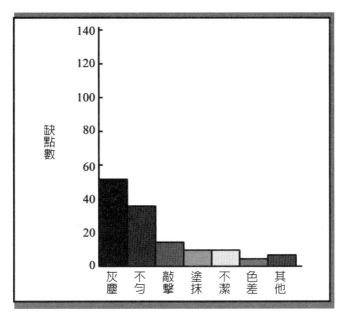

圖9-2　柏拉圖

使用柏拉圖的目的有如下幾點：
1. 決定改善目標（重大問題）。
2. 掌握重點要因。
3. 明確改善效果。

9-6 直方圖

在品質管理中，如何預測並監控產品品質狀況？如何對品質波動進行分析？直方圖就是一目瞭然地把這些問題圖表化處理的工具。它通過對收集到的貌似無序的數據進行處理，來反映產品品質的分布情況，判斷和預測產品品質及不合格率。

直方圖（Histogram）又稱品質分布圖，它是表示資料變化情況的一種主要工具。用直方圖可以解析出資料的規則性，比較直觀地看出產品品質特性的分布狀態，對於資料分布狀況一目瞭然，便於判斷其總體品質分布情況。在製作直方圖時，牽涉統計學的概念，首先要對資料進行分組，因此如何合理分組是其中的關鍵問題。按組距相等的原則進行，兩個關鍵要素是組數和組距。它是一種幾何圖形表，它是根據從生產過程中收集來的品質數據分布情況，畫成以組距爲底邊、以頻數爲高度的一系列連接起來的直方型矩形圖。

製作直方圖的目的就是通過觀察圖的形狀，判斷生產過程是否穩定，預測生產過程的品質。

直方圖法在應用中常見的錯誤和注意事項如下：

1. 抽取的樣本數量過小，將會產生較大誤差，可信度低，也就失去了統計的意義。因此，樣本數不應少於 50 個。
2. 組數 k 選用不當，k 偏大或偏小，都會造成對分布狀態的判斷有誤。
3. 直方圖一般適用於計量值數據，但在某些情況下也適用於計數值數據，這要看繪製直方圖的目的而定。
4. 圖形不完整，標註不齊全。直方圖上應標註：公差範圍線、平均值 $\bar{x}$ 的位置與公差中心 M 的位置要標示清楚，圖的右上角標出：N、S、C_P 或 C_{PK}。

製作步驟

1. 收集資料並且記錄在紙上。
2. 找出資料中的最大值與最小值。
3. 計算全距。
4. 決定組數與組距。
5. 決定各組的上組界與下組界。
6. 決定組的中心點。
7. 製作次數分配表。
8. 製作直方圖。

直方圖的圖示如下。

就組數 $k = 18$、$k = 9$、$k = 5$ 之三種情形畫圖，即爲圖 9-3。由圖 9-3 知 $k = 9$ 的情形可以說最好。

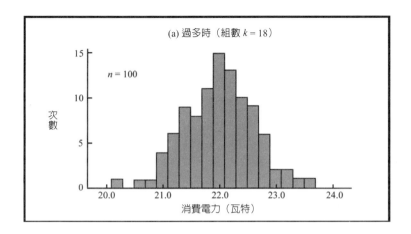

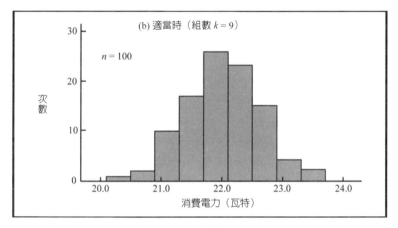

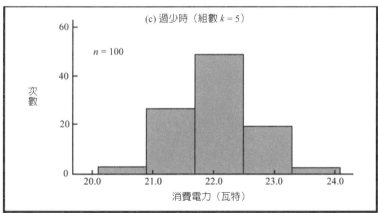

圖 9-3　直方圖

9-7 特性要因圖

　　特性要因圖（Cause-effect diagram）是以結果作爲特性，以原因作爲因素，在它們之間用箭頭聯繫表示因果關係。特性要因圖是一種充分發動員工動腦筋、查原因、集思廣益的好方法，也特別適合於工作小組中實行品質的民主管制。當出現了某種品質問題，未搞清楚原因時，可針對問題發動大家尋找可能的原因，使每個人都暢所欲言，把所有可能的原因都列出來。

　　所謂特性要因圖，就是將造成某項結果的眾多原因，以系統的方式圖解，即以圖來表達結果（特性）與原因（因素）之間的關係。其形狀像魚骨，又稱魚骨圖。

　　某項結果之形成，必定有原因，應設法利用圖解法找出其原因。首先提出了這個概念的是日本品管權威石川馨博士，所以特性要因圖也稱石川圖。特性要因圖，可使用在一般管制及工作改善的各種階段，特別是樹立意識的初期，易於使問題的原因明朗化，從而設計步驟解決問題。特性要因圖的製作步驟說明如下。

製作步驟

1. 召集與此問題相關的有經驗人員，人數最好 4～10 人。
2. 掛一張大白紙，準備 2～3 支色筆。
3. 由集合的人員就影響問題的原因發言，發言內容記入圖上，中途不可批評或質問（腦力激盪法）。
4. 時間大約 1 個小時，搜集 20～30 個原因則可結束。
5. 就所搜集的原因，何者影響最大，再次輪流發言，經大家磋商後，認爲影響較大予圈上紅色圈。
6. 與步驟 5 一樣，針對已圈上一個紅圈的，若認爲最重要的可以再圈上兩圈或三圈。
7. 重新畫一張原因圖，未上圈的予於去除，圈數愈多的列爲最優先處理。

　　特性要因圖是掌握重要原因的工具，所以參加的人員應包含對此項工作具有經驗者，才易奏效。

特性要因圖的圖示如下。

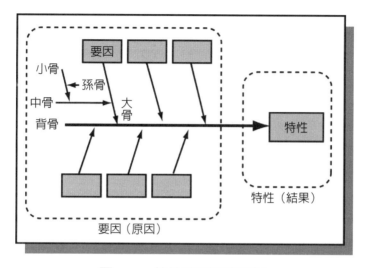

圖 9-4 特性要因圖的形狀

特性要因圖又稱爲魚骨圖，有三種類型：
1. 整理問題型魚骨圖（各因素與問題間不存在原因關係，而是結構構成關係）。
2. 原因型魚骨圖（問題以「爲什麼」作爲開頭）。
3. 對策型魚骨圖（問題以「如何改善／提升作爲開頭」）。

9-8 散布圖

　　散布圖（Scatter diagram）又叫相關圖，它是將兩個可能相關的變量數據，用點畫在座標圖上，用來表示一組成對的數據之間是否有相關性。這種成對的數據或許是特性對原因、特性對特性、原因對原因的關係。透過對其觀察分析，來判斷兩個變量之間的相關關係。這種問題在實際生產中也是常見的，例如熱處理時淬火溫度與工件硬度之間的關係，某種元素在材料中的含量與材料強度的關係等。這種關係雖然存在，但又難以用精確的公式或函數關係表示，在這種情況下用相關圖來分析就是很方便。假定有一對變量 x 和 y。x 表示某一種影響因素，y 表示某一品質特徵值，通過實驗或收集到的 x 和 y 的數據，可以在座標圖上用點表示出來，根據點的分布特點，就可以判斷 x 和 y 的相關情況。

　　在我們的生活及工作中，許多現象和原因，有些呈規則的關聯，有些呈不規則的關聯。我們要了解它，就可借助散布圖來判斷它們之間的相關關係。

製作步驟

1. 收集相對應（不同品質特性間）數據至少三十組以上，並且整理寫到資料表上。
2. 找出資料之中的最大值和最小值。
3. 標出縱軸與橫軸刻度，計算組距。
4. 將各組對應資料標示在座標上。

　　散布圖可以發現兩組數據之間是否有相關，如有相關，可分析其相關程度，更可進一步利用迴歸分析找出兩者之間的近似函數關係。此外，可以驗證兩個變數間的相關程度，掌握要因對特性的影響程度。

散布圖的圖示如下。

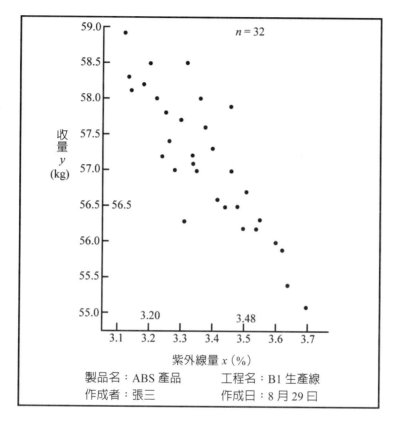

圖 9-5　紫外線量與收量之散布圖

9-9 管制圖

　　管制圖（Control chart）是美國的貝爾電話實驗所的休哈特（W. A. Shewhart）博士在 1924 年首先提出，管制圖使用後，就一直成爲科學管制的一個重要工具，特別在品質管制方面成了一個不可或缺的管制工具。它是一種有控制界限的圖，用來區分引起品質波動的原因是偶然性的還是系統性的，可以提供系統原因存在的信息，從而判斷生產過程是否處於控制狀態。管制圖按其用途可分爲兩類，一類是供分析用的管制圖，用以分析生產過程中有關品質特性值的變化情況，看工序是否處於穩定受控狀；再一類是提供管制用的管制圖，主要用於發現生產過程是否出現了異常情況，以預防產生不合格品。

　　管制圖以數據的特性，又分爲計量值管制圖及計數值管制圖，連續型數據使用計量值管制圖，不連續型數據是使用計數值管制圖。

　　管制圖是進行品質控制的有效工具，但在應用中必須注意以下幾個問題，否則的話就得不到應有的效果。這些問題主要是：

1. 數據有誤。數據有誤可能是兩種原因造成的，一是人爲的使用有誤數據，二是由於未眞正掌握統計方法。
2. 數據的收集方法不正確。如果抽樣方法本身有誤，則其後的分析方法再正確也是無用的。
3. 數據的紀錄，抄寫有誤。
4. 異常值的處理。通常在生產過程取得的數據中，總是含有一些異常值，它們會導致分析結果有誤。

製作步驟

　　管制圖的建立一般可分成六大步驟，分別爲：

1. 選擇品質特性。
2. 選取合理樣本數。
3. 蒐集數據。
4. 計算試用管制界限。
5. 建議修正後的管制界限。
6. 管制圖的延續使用。

　　此處就計量值管制圖中，較具代表的 $\bar{x} - R$ 管制圖圖示如下。

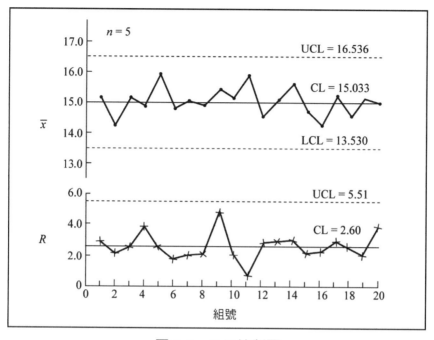

圖 9-6 $\bar{x}$-R 管制圖

　　以上概要介紹了七種常用初級統計品質管制七大手法，即所謂的「QC 七工具」，這些方法集中體現了品質管制的「以事實和數據為基礎進行判斷和管制」的特點。最後還需指出的是，這些方法看起來都比較簡單，但能夠在實際工作中正確靈活地應用，並不是一件簡單的事。有關更詳細的說明請參閱五南圖書出版的《EXCEL 品質管理》一書。

1. QC 式問題解決步驟改變了我們的做事模式。
2. QC 七大手法的應用也不僅侷限於品質分析與改善。
3. QC 七大手法可作為生產和品質幹部人員的必修課程。
4. QC 七大手法，以其「易用、實用、廣用」的鮮明特點提升了製造水準。
　　日本品質之父石川馨說「QC 手法可以解決 95% 的品質問題」。

Note

第10章
新QC七手法

10-1 N7是整理語言資料與解決問題所準備的工具

QC 的基本乃是藉以事實爲根據的數據來管理。可是，事實不一定能用數值資料來表現。

譬如，考慮洗衣機的新產品的設計時，必須活用消費者對以往產品所抱持的不滿，像「開關的位置不好，難於使用」之類。此種消費者的不滿率涉到機械的使用方法、設計、色彩等。一般這並不一定能用數值資料來表現，僅能以語言來表現的居多。可是，以這些語言加以表現者，在表現「事實」的資料上也毫無差異。基於此意，表示這些事實的語言資訊，即稱之爲語言資料。

如果是事實的話，這些語言資料也要應用在品管上。新 QC 七工具（以下簡稱 N7）是將這些語言資訊整理成圖形的一種技法。

圖 10-1 正是說明 N7 與 Q7 是互補的，以及活用在 QC 中解決問題的狀況。

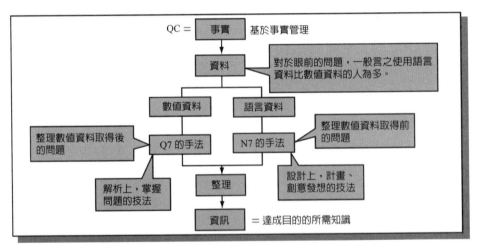

圖 10-1　N7 與 Q7（含統計方法）的關係圖

又譬如，有「出納業務的效率化」此種問題。如考慮此問題的改善時，像是效率化的意義是什麼？要謀求哪一種業務的效率化、這些業務的問題點爲何，以及它與內部教育或 OJT 的關聯是否良好，與最近的 OA（Office Automation）之關聯如何等，問題可無限展開。

像這樣，一般遭遇迷茫繁雜的問題甚多。因之有需要將這些問題與其原因加以整理，找出能解決問題的方式。

　　如果不知道 N7，則此種迷茫繁雜的問題就會像圖 10-2 的右方一樣，變成未能解決的問題，因而挫折失敗的情形甚多。N7 是將問題的複雜關係加以整理的技法。如果使用 N7 即可像圖 10-2 左方一樣，容易整理，容易訂定計畫，容易探討問題，並且容易深入了解，也就容易取得人家的協助。

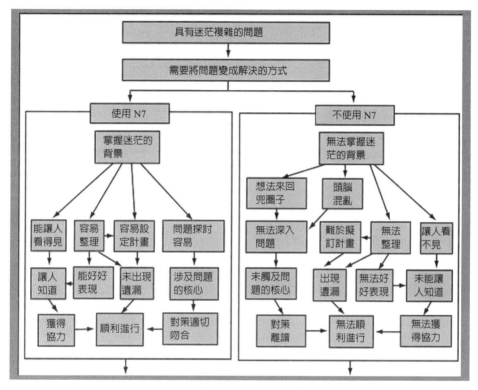

圖 10-2　使用 N7 與未使用之情形比較（關聯圖）

10-2 N7是利用小組充實計畫的工具

在 TQM 中是由有關人員相互協力設法解決問題。是故，大家一起思考，相互提出智慧、表達思想就顯得更為重要了。包含 N7 所有的 QC 技法在內，不管是語言資料或是數值資料，在資料的整理方面使用圖形則為其共通特色。

圖 10-3 是說明由小組討論問題解決方案的過程中，共有他人與自己的知識，於解決問題時小組表達思想及創造的情形。

圖 10-3 的左上矩陣圖是為了說明相互溝通的重要性，由喬瑟夫・魯夫（Joseph Ruf）與哈瑞・英格（Harry Ingam）所想出，而稱之為喬哈利之窗（Joharry's Window）。圖中 (a) 係表示自己與他人都知道的事情，(b) 及 (c) 是自己或他人之任一者所知道的事情，(c) 是誰都不知道的事情。

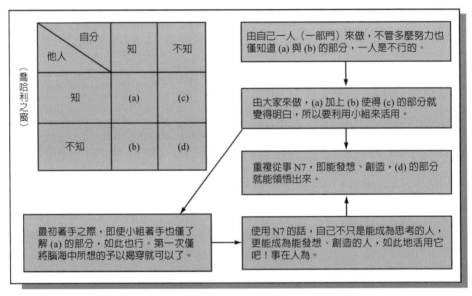

圖 10-3　TQM 的問題解決集合全員的智慧是非常重要的

關於 TQM 中的問題解決，是小組的每一個人收集所具有的資訊，全員藉著共有 (a)、(b)、(c) 的資訊，期待獲得新的構想，並且，藉著這些資訊的共有化，喬哈利的 (c) 的領域裡的智慧也可產生出來。

N7 是在此過程中將相互的資訊，特別是語言資料以圖來表現，如此有助於資訊的共有化、構想的效率化，其情形以圖 10-3 的右方來說明。

此外，圖 10-4 是說明解決問題時，計畫階段的重要性。圖 10-4 最下面的水平線是說明在計畫（P）階段多花些時間，如此實施的結果，就可減少重做、修整（C、

Ａ）。亦即，「準備八分」，此對應於良好狀態。

最上方的水平線，是說明 P 未在充分時間下進行 D、C、A，即會多花時間，亦即是不好的狀態。

現實的工作，中間的水平線甚多，儘可能向下方移動。N7 由於是包含過去問題點在內的語言資料整理技法，因之有助於充實圖 10-4 中所需的計畫階段。

綜合圖 10-3 及圖 10-4，在推進 TQM 充實小組所執行的計畫階段及各方面，N7 是非常有幫助的。

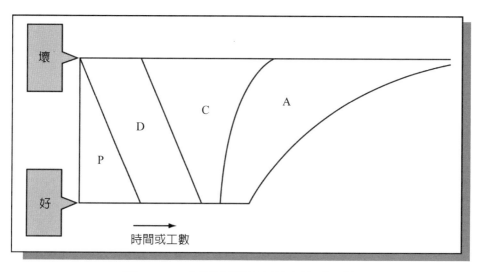

圖 10-4　在解決問題中計畫的重要性

10-3 活用N7的4個著眼點

以下簡要地說明活用 N7 的 4 個著眼點。

1. 明白問題的所在

在使用 N7 解決問題時，最重要的是要明白自己現在是在解決問題的什麼階段上。

自己目前所面對的問題，它本身是否曖昧不清？此外，雖然應解決的問題明確，但其原因是否不甚清楚？或者，應解決之問題及原因都清楚，卻不知道應以什麼對策來解決？唯有使這些都明確了才能決定使用 N7 的手法。

解決問題的三個層次（階段）：

(1) 還不知道應解決之問題是什麼時候的階段（第一層次）

此層次的問題是很多細微的瑣事都實際發生了，但本質問題為何？卻還不清楚。換句話說，此階段的問題就是要明確知道應處理的事端是什麼。

(2) 還未能明白主要原因是什麼時候的階段（第二層次）

此層次的問題是應處理之問題已明確顯現它的型態。但是，至於是因為某個原因才導致這個問題的發生，卻不能明確掌握。換言之，這個階段的問題就是要考慮各種要因，換言之是探求原因的一個階段。

(3) 未能明白應採取什麼對策的階段（第三層次）

此層次的問題是引起問題的原因已明確，但是還沒有能夠出現具體解決對策。換言之，這個階段的問題是如何展開對策。

2. 可以選擇合於分析目的的手法

解決問題最好能夠針對前述的 1.、2.、3. 階段來活用適當的方法。關於這點，請參考圖 10-5。

明白了所應解決的問題是屬於哪個階段之後，就可以使分析的目標明確，決定 N7 手法及其使用方法。

針對前述之問題階段 1.、2.、3.，要判斷應使用 N7 中的什麼手法才好時，可以參考圖 10-5。以下試就針對圖 10-5 之問題階段，說明有關 N7 手法的使用。

　　對於第一階段的問題，可以收集實際發生之各種事情的語言資料，使用親和圖法將其統合起來，如此可以使應處理的問題明確。

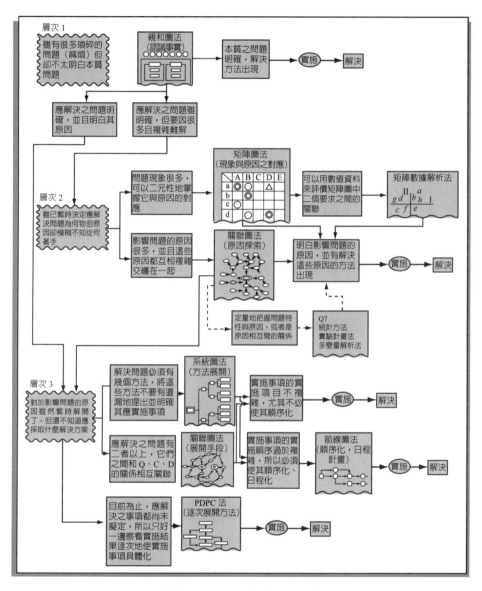

圖 10-5　N7 的使用方式

對於第二階段的問題，只要使用能夠使原因明確的手法就可以了。而特性要因圖就是這類的 Q7 手法，可以善加利用。特性要因圖對於表現一個結果、多種原因分歧的構造是很有效的。但是，當一個結果的許多原因之關係複雜並交纏在一塊時，可以使用關聯圖法來解決。此外，當問題的現象（結果）很多時，若想二元性地掌握其結果與原因的關係，則矩陣圖法可以順利解決。

對於第三階段的問題，必須能夠有一個可以分析問題、謀求對策的手法。為了實現某個目的，找出其實現的對策，可以使用系統圖，一邊針對著眼點，一邊考慮解決手段（構想）。考慮同時達成兩個以上目的之手段時，如根據每個目的去考慮其手段，有時會發生矛盾與背道而馳的情況。此時，可以使用關聯圖法來展開手段以順利進行。

根據以上的方法決定了解決問題的手段、對策，換句話說，決定了實施事項之後，實施時還必須使其順序化，在使其順序化或訂定日程計畫的時候，則可以使用箭線圖法。而當解決問題之實施事項尚未完全決定，需一邊實行目的的實施事項，一邊再根據其結果來考慮其後應實施之事項的時候，可以使用 PDPC 法來逐次展開對策。

(三) 獲得適當的語言資料

圖 10-6 是說明語言資料的收集方式。

圖 10-6 中除了 GD 以外也有其他的方法，有興趣的讀者可以參考相關文獻。

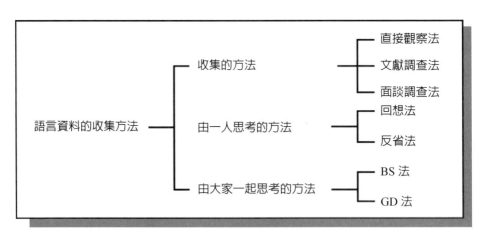

圖 10-6　語言資料的收集方法

以下就 GD（Group Disscussion，小組討論法）加以介紹。

1. 何謂GD法

　　所謂 GD 法是由小組的所有人員，就有關之主題，提供自己所知道的內容，由此一邊收集所需要的語言資料，一邊討論有關之對象問題的一個方法。關於小組成員所不知道的事情，必須作為「調查」資料來收集。仿照喬哈利之窗（Joharry's Window，請參照圖 10-3）將 GD 的目標表示在圖 10-7 中。

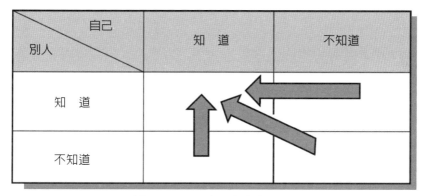

圖 10-7　小組討論之目標

2. 以GD法收集語言資料時應注意的地方

(1) 必須對問題有共同的認識。

(2) 收集資料不能偏廢某方。

(3) 取得之資料需合於分析之目的（參表 10-1）。

(4) 靈活運用語言資料。

(5) 使用語的定義明確。

(6) 資料的表現方式是將所想講的事，適當地表示成文字形式。

(7) 本來的目的逐漸顯現。

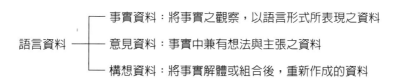

表 10-1　語言資料與解析目的之對應表

分析的目的 ＼ 語言資料	事實資料	意見資料	構想資料
形成問題	◎	○	△
探求原因	◎	×	×
展開方法	△	○	◎

(四) 由分析結果取得所需的資訊

在使用 N7 各手法作圖的過程或作圖階段，一定要有能夠達成目的所需資訊才行。因此，必須就所得之資料加以考察，這個階段上應注意的事項包括：

1.將所得之資訊整理成文章

N7 的各手法，光畫成圖形是不行的。必須從作圖的過程及作圖的結果，將所知道的事情整理成條例或文章形式，記錄下來。尤其在製作親和圖及關聯圖時，一定要整理成文章形式。

2.確認是否可以得到所需的資訊

必須牢記從使用 N7 的分析結果來確認，是否真的能夠得到所需要的資訊。如果無法得到所需要之資訊的話，那就是資料不夠，或是分析的方法不好。究明原因之後，必須採取行動。

以下依序簡介新 QC 七工具的內容。

品管新七大手法（Seven Management and Planning Tools），又稱 QC 新七大手法，新的七種品質管制工具或 N7，於 1972 年爲日本科技聯盟的納谷嘉信教授歸納出的一套品管工具，這個方法恰巧有七項，爲有別於原有的「QC 七大手法」，所以就稱爲「新 QC 七大手法」。因爲稱此爲新的七工具，有人將原先的七工具稱爲舊的七工具，這是稱呼錯誤，所謂舊的工具是指不合時宜的工具，然而此七工具仍舊很實用。

Note

10-4 親和圖

　KJ 法是由日本學者川喜田二郎（KAWAKITASIRO）於 1970 年前後研究開發並加以推廣的一種品質管理方法。KJ 法又稱爲 KJ 法 A 型圖解（也稱親和圖法：affinity diagram）。所謂 KJ 法，就是針對某一問題，充分收集各種經驗、知識、想法和意見等語言、文字資料，通過 A 型圖解進行匯總，並按其相互親和性歸納整理這些資料，使問題明確起來，求得統一認識和協調工作，以利於問題解決的一種方法。

　在製作親和圖法時，可分個人製作與團體製作二種方法。管理階層人員在下列情況下，最好由個人來製作親和圖，即：(1) 對於混淆、未知的範疇，想有體系地掌握其事實時，(2) 由零出法，想整理自己的想法時，(3) 想打破舊有概念，整理新構想時。另一方面，(4) 品管圈等爲了共同目的，欲組成小組著手改善時，團體製作方式則很有幫助。這裡先介紹前者的製作步驟。

■製作步驟

1. 決定課題（可從以下幾方面）
　・對沒有掌握好的雜亂無章的事物以求掌握。
　・對還沒理清的雜亂思想加以綜合整理歸納。
　・對舊觀念重新整理歸納。
2. 收集語言資料（收集方式可從以下方面）
　・直接觀察，親自了解。
　・面談閱讀，聽取他人描述，親自查閱。
　・回憶過去。
　・反省考慮法。
　・腦力激盪法。
3. 簡明語言卡片化。
4. 整理，綜合卡片（卡片編組）。
5. 編組編寫主卡片。
6. 製圖。
7. 口頭發表。
8. 撰寫報告。

其對應的圖式如下圖所示。

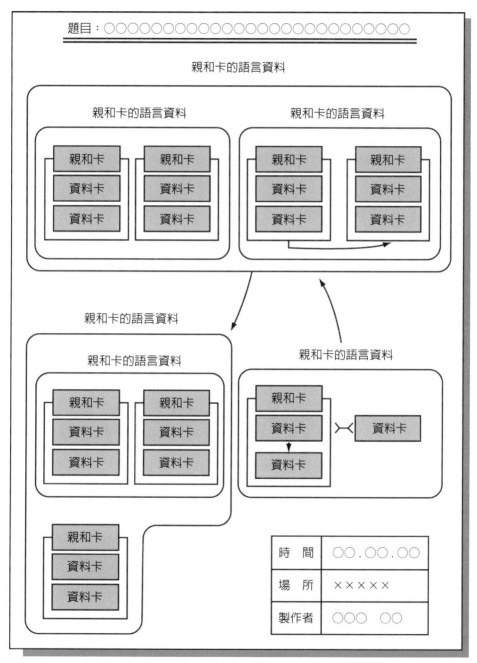

圖 10-8　親和圖之製作

10-5 關聯圖

在現實的企業活動中，所要解決的課題往往關係到提高產品質量和生產效率、節約資源和能源、預防環境汙染等方面，而每一方面又都與複雜的因素有關。品質管理中的問題，同樣也大多是由各種各樣的因素組成。解決如此複雜的問題，不能以一個管理者為中心一個一個因素地予以解決，必須由多方管理者和多方有關人員密切配合，在廣闊範圍內開展卓有成效的工作，關聯圖法即是適應這種情況的方法。

所謂關聯圖，如下圖所示，是把若干個存在的問題及其因素間的因果關係，用箭條連接起來的一種圖示工具，是一種關聯分析說明圖。通過關聯圖可以找出因素之間的因果關係，便於統觀全局、分析以及擬定解決問題的措施和計畫。

■製作步驟

1. 決定主題：以標記寫出主題。
2. 小組組成：集合有關部門人員組成小組。
3. 資料收集：運用腦力激盪，尋找原因。
4. 用簡明通俗的語言作卡片。
5. 連接因果關係製作關聯圖。
6. 修正圖形：討論不足，修改箭頭。
7. 找出重要專案、原因並以標記區別。
8. 整理成文章：整理成文章使別人易懂。
9. 提出改善對策。

關聯圖的圖示如下。

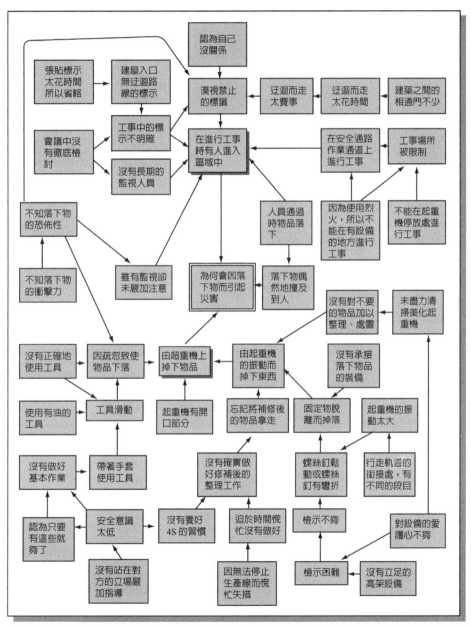

圖 10-9　就主題「為何落下物品會引起災害」所作成的關聯圖

10-6 系統圖

　　系統圖，簡單來說，當某一目的較難達成，一時又想不出較好的方法，或當某一結果令人失望，卻又找不到根本原因，在這種情況下，建議套用品管新七大手法之一的系統圖，透過系統圖，你一定會豁然開朗，原來複雜的問題簡單化了，找不到原因的問題找到了原因之所在。系統圖就是為了達成目標或解決問題，以目的－方法或結果－原因層層展開分析，以尋找最恰當的方法和最根本的原因，系統圖目前在企業界被廣泛套用。

　　系統圖所使用的圖形，能將事物或現象分解成樹枝狀，故也稱樹形圖。系統圖就是把要實現的目的與需要採取的措施或手段，有系統地展開，並繪製成圖，以明確問題的重點，尋找最佳手段或措施。

　　在計畫與決策過程中，為了達到某種目的，就需要選擇和考慮某一種手段，而為了採取這一手段，又需要考慮它下一級的相應手段（參見圖 10-10）。這樣，上一級手段成為下一級手段的行動目的。如此把要達到的目的和所需的手段按順序層層展開，直到可以採取具體措施為止，而且繪製成系統圖，就能對問題有一個全貌的認識，然後從圖形中找出問題的重點，提出實現預定目標的最理想途徑。

■製作步驟

1. 確定目標或目的。
2. 提出手段和措施。
3. 評價手段和措施。
4. 繪製措施卡片，作成系統圖。
5. 確認目標是否能夠充分的實現。
6. 制定實施計畫（最好確定進度、責任人）。
　　系統圖的圖示如下。

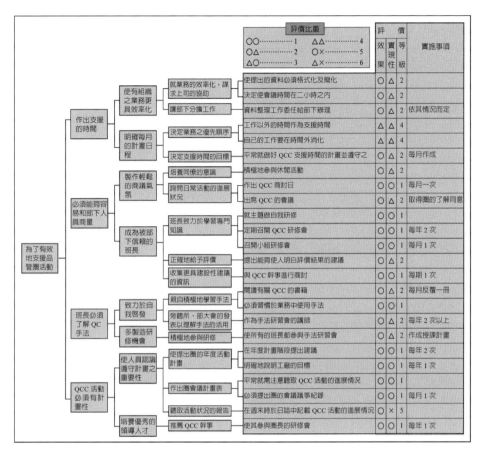

圖 10-10　就主題「如何有效地支援品管圈活動」所作成的系統圖

10-7 矩陣圖

　　所謂 L 型矩陣圖，就是從問題的各種關係中找出成對要素，並按數學上矩陣的形式，把問題及與其有對應關係的各個因素，按行和列排成圖，並在其交點處標出兩者之間的關係，從中確定關鍵點的方法。

　　通過在交點處給出行與列對應要素的關係及關係程度，可以從二元關係中探討問題之所在和問題的型態，從二元關係中得到解決問題的設想。

　　在尋求問題之解決手段時，若目的（或結果）能夠展開為一元性手段（或原因），則可用系統圖法。然而，若有兩種以上的目的（或結果），則其展開用矩陣圖法較為合適。矩陣圖的種類有很多，如 L 型矩陣圖、T 型矩陣圖、Y 型矩陣圖、X 型矩陣圖等。

■製作步驟

1. 確定事項。
2. 選擇因素群。
3. 選擇矩陣圖類型。
4. 根據事實或經驗評價和標記。
5. 標示各因素間的關聯程度。
6. 通常以內外雙圈表示強關聯，單圈表示關聯，三角形表示弱關聯，空白表示無關聯。
7. 整理具有強關聯的對應因素，做成有體系的結論。
　　L 型矩陣圖的圖示如下。

等級點數
○·○ = 1　　△·△ = 4
○·△ = 2　　○·× = 5
△·○ = 3　　△·× = 6

職分
◎：主管
○：輔佐

	評價			任務分擔					實施事項
	效果	實現性	等級	所品管圈事務局	課、工廠支援者	課、工廠幹事	圈長	圈員	
系統圖的四次手段	○	○	1	○	◎	○			
〃	○	○	1				◎	○	次／每月召開
〃	△	○	3				◎	○	每回召開時數
〃	○	△	2				○	◎	
〃	○	×	5		○	◎			
〃	○	○	1	○	◎	○			
〃	△	△	4		○	◎			
〃	○	△	2				◎	○	
〃	○	○	1				◎		
〃	○	○	1				◎		
〃	○	×	5		○	◎	○		次／年・人以上
〃	○	△	2			◎	○		
〃	△	△	4			◎	○		
〃	△	○	3				◎	○	次／月
〃	○	○	1		○	○	◎		
〃	○	○	1	○	◎	○			
〃	○	×	5		◎	○	○		
〃	○	△	2		○	◎	○		
系統圖的四次手段	△	○	3				○	◎	

圖 10-11　任務分擔之矩陣圖（L型）之製作

10-8　PDPC法

在品質管理中，要達到目標或解決問題，總是希望按計畫推進原定各實施步驟。但是，隨著各方面情況的變化，當初擬定的計畫不一定行得通，往往需要臨時改變計畫。特別是解決困難的品質問題，修改計畫的情況更是屢屢發生。為應付這種意外事件，一種有助於使事態向理想方向發展的解決問題的方法，就是 PDPC 法（Process Decision Program Chart）。

PDPC 法也稱為過程決策程序圖法，其工具就是 PDPC 圖。PDPC 法於 1976 年由日本人提出，是運籌學中的一種方法。所謂 PDPC 法，是為了完成某個任務或達到某個目標，在制定行動計畫或進行方案設計時，預測可能出現的障礙和結果，並相應地提出多種應變計畫的一種方法。這樣在計畫執行過程中遇到不利情況時，仍能按第二、第三或其他計畫方案進行，以便達到預定的計畫目標。PDPC 類型有兩種，一是順向進行的類型（類型 I），另一是逆向進行的類型（類型 II）。

■製作步驟

1. 確定所要解決的課題。
2. 提出達到理想狀態的手段、措施。
3. 對提出的措施，列舉出預測的結果及遇到困難時，應採取的措施和方案。
4. 將各研究措施按緊迫程度、所需工時、實施的可能性及難易程度予以分類。
5. 決定各項措施實施的先後順序，並用箭條向理想狀態方向連接起來。
6. 落實實施負責人及實施期限。
7. 不斷修訂 PDPC 圖。

   PDPC 圖的圖示如下。

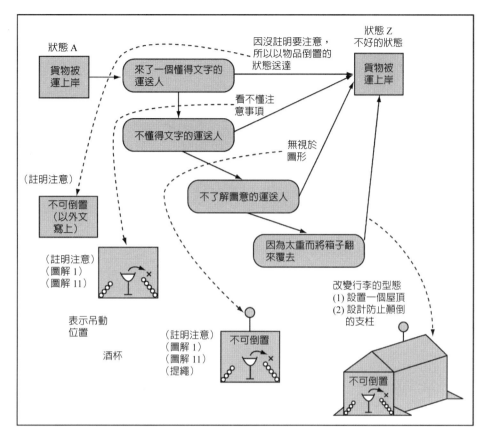

圖 10-12　不可倒置運送情況之 PDPC（類型 II）

10-9　箭線圖

　　箭線圖又稱爲計畫評核術，它是安排和編制最佳日程計畫，有效地實施管理進度的一種科學管理方法。

　　所謂箭線圖（參見圖 10-13）是把推進計畫所必須的各項工作，按其時間順序和從屬關係，用網絡形式表示的一種「矢線圖」。一項任務或工程，可以分解爲許多作業，這些作業在生產作業上和生產組織上相互依賴、相互制約，箭線圖可以把各項作業之間的這種依賴和制約關係清晰地表示出來。通過箭線圖，能找出影響工程進度的關鍵和非關鍵因素，因而能進行統籌協調，合理地利用資源，提高效率與效益。

　　在日程計畫與進度公里方面，人們常使用甘特圖（Gantt Chart）。甘特圖只能給出比較粗略的計畫和簡單的作業指示，由於表現不出作業間的從屬關係，因而存在有此缺點：

　　50 年代後期，美國海軍在制訂北極星飛彈研製計畫時，爲彌補甘特圖的不足，提出了一種新的計畫管理方法，稱爲計畫評核術（PERT-Program Evaluation Review Technique），使該飛彈研製任務提前兩年多完成。1956 年，美國的杜邦和蘭德公司爲了協調公司內部不同業務部門的工作，提出了關鍵路線法 CPM（Critcal Path Method），獲得顯著效果，箭線圖法是這兩種方法的結合。

　　箭線圖是一張有向無環圖，頂點表示事件（如 V1、V2、V3⋯⋯），線表示活動（如 A、B、C⋯⋯），線上的權值表示活動持續的時間（如 5、6、9⋯⋯）。在箭線圖中，路徑最長（權重數值之和爲最大，圖中用粗線表示）的路徑稱爲關鍵路線，它的長度代表完成整個工程的最短時間，稱爲總工期。由於只有通過壓縮關鍵路線上的活動時間，才能使整個工期縮短，因此關鍵路線上的活動是影響整個工程的主要因素，這就是「關鍵」一詞的由來。

　　關鍵路線是箭線圖中一個極其重要的概念。關鍵路線又稱爲主要影響線，其週期決定了整個作業進度的週期。關鍵路線上的延遲或提前，將直接導致整個項目總工期的拖延或提前完成。關鍵路線上的作業稱爲關鍵作業，關鍵作業在時間上沒有迴旋的餘地。因此，要縮短總工期，必須抓住關鍵路線上的薄弱環節，採取措施，挖掘潛力，以壓縮工期。關鍵路線能使管理者對工程的心中有數、明確重點。

■製作步驟

1. 明確主題。
2. 確定必要的作業和（或）日程。
3. 按先後排列各作業。
4. 考慮同步作業，排列相應位置。
5. 連接各作業點，標準日程。
6. 計算作業點和日程。
7. 畫出關鍵路線。

箭線圖的圖示如下。

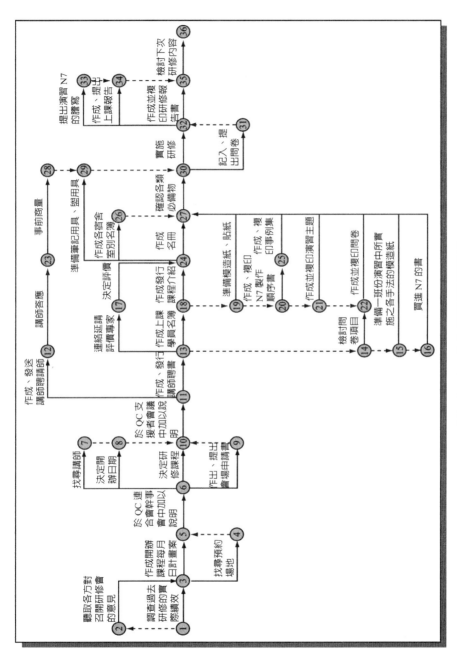

圖 10-13　QC 活動的箭線圖

10-10　矩陣資料解析法

　　矩陣圖上各元素間的關係，如果能用數據定量化表示，就能更準確地整理和分析結果。這種可以用數據表示的矩陣圖法，叫做矩陣資料分析法。矩陣資料分析法在新QC七工具中是唯一利用數據分析問題的方法。分析方式約可分兩種。

1.優先順序矩陣表

　　依不同的要素及評估指標，一系列地以矩陣表建立決策標準之優先順序，以利重要方針之決策。

2.矩陣資料解析

　　當矩陣圖完成時，各關聯性如有足夠資料，則可實施資料分析以確認各方案之作業機能的重要性。

　　矩陣資料解析常利用「主成分分析法」，將矩陣圖各要素間相關資料，轉算爲代表不同重要程度權重的特徵值，並根據主成分得分，決定各方案優先順序。主成分分析法是一種將數個變量，化爲少數綜合變量的一種多元統計方法。

■製作步驟

1. 將影響決策之因素，沿著矩陣之水準軸及垂直軸相互的完全列出，兩軸之因素相互分析並依照決策條件給予適當地評分。
2. 依每個決策條件進行可行方案之選擇。依據每個決策條件，再建一新矩陣，依其相對重要性給予比重值（Weighted score）。
3. 最終的矩陣將每一可行方案放在左軸，決策條件放在上端，計算加權平均，選擇最高分者爲最終決策。

　　試擧一例說明。首先，如表10-2那樣，將資料整理成矩陣。

表 10-2　企業的評價

企業	財務力	商品開發力	企業形象	市場成長性	人才	銷售力	獨特的經營路線
1	3.0	5	5	2	5	4	3
2	4.0	4	2	2	3	2	3
3	3.0	4	1	5	5	4	5
4	3.0	2	2	1	3	5	4
5	1.0	3	5	3	4	3	3
6	4.0	3	4	2	3	2	2
7	2.0	2	3	2	3	2	2
8	2.0	2	4	2	2	1	1
9	4.0	3	4	3	2	2	2
10	3.0	1	2	1	1	3	1
11	5.0	2	2	2	2	3	2
12	2.0	2	3	2	2	1	3
13	3.0	1	2	5	1	2	3
14	2.0	1	1	1	1	4	5

接著，再利用主成分分析法整理成下圖。

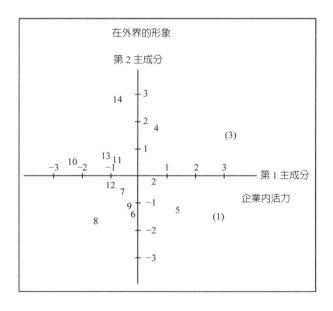

得知評價尺度可以縮減成以下 4 個主成分。

1. 企業內部活力（商業開發力、人才）。
2. 在外界的形象（企業形象、獨特的經營路線）。
3. 財務力。
4. 市場的成長性。

　　由上圖知，優良企業的第 1 家、第 3 家比其他企業來說，更具備企業內部活力。之後，對企業內部活力，進行詳細解析，掌握能採取具體手段的要因之後，思考對策並去執行。由以上可知，矩陣資料解析法是將多種多量的矩陣資料從各種角度分析，以縮減評價尺度，讓樣本間的差異更為明顯的一種手法。

　　矩陣資料解析法其實就是多變量分析中常用的主成份分析法，這是新 QC 七工具中唯一使用數量分析的方法。

Note

第3篇
改善管理

第11章
改善的需要性

11-1 何謂改善(1)

1.改善是把結果朝著「善」的方向去「改」變的活動

所謂改善是把結果朝著「善」的方向去「改」變的活動。這是說以目前的作法所得到的結果與原本應有的姿態相悖離時，改變目前的作法實現原本應有的姿態的一種活動。並且，大幅改變目前的作法，或引進以前未曾採用過的作法，此等活動也包含在內。

在一些書中，以目前的作法作為基礎時當作「改善」，將目前的作法大幅地改變，或引進新的體系時當作「創造」加以區分。可是，為了實現原本應有的姿態而使現狀變好，在此點是相同的，兩者探討方式的不同是在於視野擴大到何種程度來想，基本的「攻擊」方式是相同的，因之本書將這些總稱為「改善」。

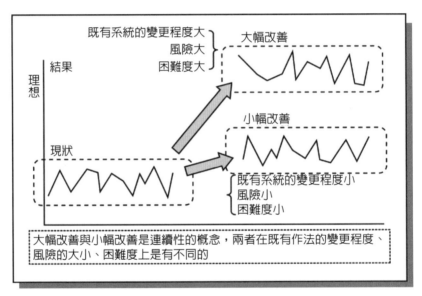

圖 11-1　大幅改善與小幅改善

如圖 11-1 所示，取決於要將結果提高到何種程度，將目前的作法亦即既有體系要改變到何種程度即可決定。如果讓結果提高的幅度小的話，或許既有系統小變更就行，並且，改善成功的可能性也是很高的。另一方面，如大幅改變既有的體系或引進新的系統時，它的作業雖然費事，但獲得甚大改善效果的可能性也是可預期的。

在汽車產業等方面，以參與製造現場的人士為核心，腳踏實地推進確保基礎的活動稱為「改善」的情形也有，這也是本書中的「改善」。另外，改善並非只是製造現場而已。

　　大飯店中顧客滿意度的改善，是服務業中改善的一例。並且，在資訊產業中，提高存取率、縮短處理時間等的改善也不勝枚舉。像這樣，改善不取決於業種是一種必要的活動。此外，像產品、服務的設計階段或營業階段等的所有階段，也都是必要的活動。

　　在歐美，KAIZEN（改善）這句話已經根深蒂固。1980 年代日本綜合品質管理（Total Quality Management, TQM），是只有日本才有的活動，其他國家難以見到，對國家的急速成長有甚大的貢獻。歐美的諸多企業認清改善是 TQM 的核心，自覺甚為重要，不將它英譯而以 KAIZEN 之名引進。

　　那麼，改善要如何進行才好？譬如，改善的主題要如何設定才好？改善的主題如當作提高顧客滿意度，那麼要如何實現才好？想要有效率地進行改善的步驟，工具要如何使用才好？在進入具體的介紹之前，先略微地將與「改善」有關聯的背景加以整理一番。

> 　　改善是把結果朝著「善」的方向去「改」變的活動。
> 　　歐美的諸多企業認清改善是 TQM 的核心，不將它英譯而以 KAIZEN 之名引進。改善的日文發音就是 KAIZEN。
> 　　「善」指的是善思（善於思考，慎重考慮）、善舉（好的辦法與措施）、善果（好的成效）。

11-2 何謂改善(2)

1960 年代的日本，每人年間 GDP（國內總生產）約是 3,000 美元左右的貧窮國家，此貧窮由於人事費的低廉也成爲價格競爭力。雖以價格競爭力作爲武器，但爲了能在世界市場中生存，乃利用現場的改善提案制度與品管圈（QCC）推行改善活動，改善了產品的品質。

另外，日本變成了某種程度的富裕國家之後，從 1970 年代到 80 年代，因人事費的高漲而失去了價格競爭力。因此，許多的日本企業，以標準的價格提供世界第一的品質爲目標。對此有甚大貢獻的是 TQM。TQM 的核心是將改善依循組織所決定的方針在全公司展開。此全公司性的活動，是當時日本企業的專利。

可是，從 1990 年後半，以改善爲核心整個公司從事品質的活動，已不再是日本企業的專利。亦即，從 KAIZEN 成爲世界共同語言一事也可明白，世界的許多企業以日本企業爲範本，有組織地實踐改善。

面對二十一世紀的今天，有組織地實踐改善是生存的必要條件。改善的一般性水準的實踐是生存的必要條件，但高水準的實踐，如豐田汽車公司的例子所見能帶來繁榮。像這樣，改善是超越時代是很重要的。

> 有組織地實踐改善活動，是組織能持續繁榮的甚大關鍵。改善是競爭力的來源。面對二十一世紀的今天，有組織地實踐改善是生存的必要條件。實踐改善的一般性水準是生存的必要條件，但高水準的實踐，如豐田汽車公司的例子所見能帶來繁榮。

TQM 的核心是持續地改善產品的品質、服務的品質，使之成爲更高的水準，積極地獲得顧客滿意的活動。以日本的 TQM 爲基礎在美國誕生，且在二十一世紀初期形成風潮的 6 標準差，也是以改善爲核心。此即。高階把判定是重要的專案，以專任的方式由黑帶（Black Belt）進行改善，以此種解決的活動作爲核心。

近年來，顧客對產品、服務的要求如圖 11-2 所示正在擴大。譬如，像是電視，彩色電視在出現的當初，是以不故障能播放爲著眼點。之後，不故障能播放以電視來說即成爲當然的品質。另外，遙控操作性能的提高在當初也是新奇的，但最近變成了當然的品質。並且，近年來像液晶電視那樣，電力消耗少不造成環境的負擔，也變成顧客的要求了。

　持續支撐此變遷的是改善。亦即，隨著新設計的進展，今後持續改善它的品質與生產力以及成本甚爲重要。經由如此即可成爲更好的產品、服務。

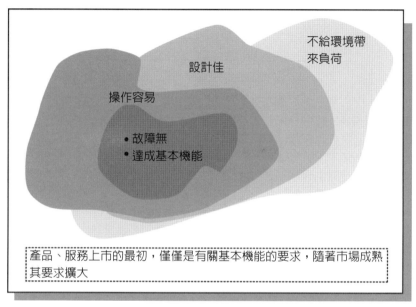

圖 11-2　顧客對產品、服務之要求的擴大

由於使用者對產品、服務之要求日趨擴大，產品、服務的提供者更必須適切掌握使用者的要求。一般而言，使用者的要求有：
1. 省能源、省資源。
2. 低公害、無汙染。
3. 安全、耐用。
4. 省時、省力、省事。
5. 壽命週期成本低。
6. 零故障、零危險。
7. 容易使用。
8. 自動化。

11-3　有組織地推行改善

有組織地進行改善，需要以下的條件：
1. 個人具有能改善的知識、能力。
2. 將各項改善在組織全體下形成一體化。
3. 建構在各個現場中能改善的環境。

1. 個人確保改善所需的知識、能力是本書的主題。本章說明特別有效果的重要方法、改善步驟。在與改善對象有關聯下，2. 組織全體的體制是需要的。在大飯店中假定櫃台的服務是以渡假的情境呈現賓至如歸的氣氛，另一方面，餐廳是以企業方式（businesslike）向有效率的方向著手改善。在各自上或許均有所改善，但全體並未取得平衡。由此例所了解的那樣，改善的方向整個公司需要有形成一體的體制。

並且，各個人儘管有實行 1. 改善的知識，如果沒有發揮改善能力的環境時，那也是枉然的。

「你的工作是這個」在只是分派工作型的職場中，縱使有改善的能力，也沒有實際從事改善的機會。為了發揮個人具有的能力，3. 的環境是很需要的。對於 2.、3. 會在本章的以下幾節中討論。另外，對於 1. 來說，在之後會占大半的內容。

改善主題是依據組織的方針來選定。這就像大飯店的改善例子那樣，各自的改善以全體的改善來看時，不是改善的情形也有。譬如，設計引擎的工程師向輕巧的方向改善設計，另一方面，機身設計的工程師向重視搭乘舒適的方向去改善，整體的步調並不一致。決定出整體應進行的方向後，應依循它去改善。

這些的概念圖如圖 11-3。像圖 11-3(a)，各自的改善方向紛歧不一，以組織來說一點效果也沒有。因此，這要像圖 11-3(b)，依據組織的方針選定改善的主題是有需要的。

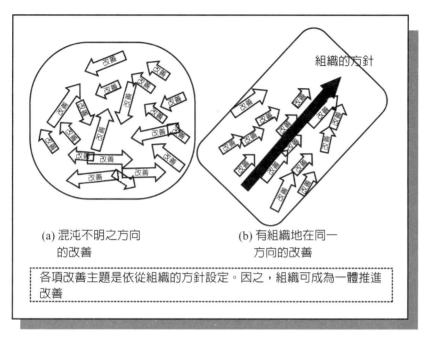

圖 11-3　改善的主題有組織地在同一方向選取

　　高階管理者的任務，是明示有關品質（質）、成本等的方針。各個小組依據該方針進行活動。在圖 11-3 中，箭頭的長度表示改善的規模大小。因此，依據高階所決定的組織方針，在各自的部門中，就人、物、錢、資訊的有限資源之中，儘可能使箭線變長之下來進行活動。

　　為了依循組織的方針選定改善的主題，有方針管理、平衡計分卡、6 標準差之體制。譬如，在方針管理方面，參照高階所決定的品質方針，基於它選定改善的主題。另外，美國的 6 標準差，是由高階或地位相近的人，基於方針決定主題。

　　高階提示的方針，通常是一般性的表現。各自的部門要展開成為自己部門的方針，然後參照自己部門的方針，選定改善的主題。

11-4 何謂改善的環境與改善提案制度、表揚制度

　　以有組織地實踐改善的環境來說，由於執行改善的基礎能力、改善的重要性的認知、標準化的重要性的認知是不可欠缺的，因之教育這些，並進行跟催是有需要的。然後，以組織的方式設立推進改善的體系，並實踐改善，將此概要加以整理，如圖11-4所示。

　　改善的實踐，變更以往的作法的時候也有。一般來說，變更以往的作法，會有或大或小的反抗。譬如，A先生為了改善生產量，假定發現了最好是變更既有的流程。此時，除A先生以外的相關人員，是否能立即接受此變更呢？

　　除了像「為何要變更呢？」、「它是正確的嗎？」質詢變更的正當性之外，像「不想改變好不容易記住的作法」等提出各種反駁的可能性也有。那麼好不容易發現的改善就這樣被埋沒掉了。像這樣，想確實實踐改善，就是要認識改善的重要性。

　　此外，改善後不可忘記的是，要將所改善的作法標準化。為了提高顧客的滿意度，如餐廳的待客方法已改變時，要將作法反映到待客手冊上，而此等如未標準化時，以組織來說即無法活用改善成果。為了有效地活用，像待客手冊、作業標準等的標準類規範，並且有需要教育業務的承擔者。照這樣，才可確實維持已改善的結果。

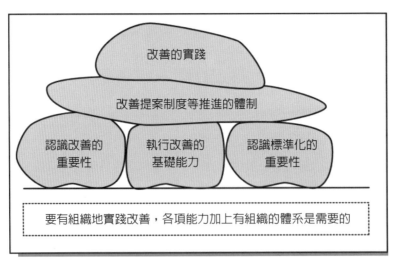

圖 11-4　改善的環境

改善提案制度是組織積極地吸取改善提案，引進好提案的一種體制。改善提案制度是基於「爲了使結果變好，改變作法是最好的」，因之積極地改變使過程變好之想法，成爲對整個組織而言的政策。

改善提案制度的優點，可以舉出像能安心改善、出現改善的幹勁、改善及標準化的體系可以形成等，並且，表揚制度是爲了增加其幹勁的觸媒。

爲了持續地實踐改善，持續地教育是需要的。爲了活用本書所介紹的工具，活用工具的教育更是不可或缺。此種的教育，與運動中的基礎體力訓練是相同的。足球選手的基礎體力的練習即使偷懶一天，對比賽幾乎是沒有影響吧。可是，偷懶半年的話會變成如何呢？對筆者來說，如果是偶爾過一下癮的足球水準，那勉強還算可以，但論及高水準卻是望塵莫及。以有組織的改善爲目標，教育是不能空白的。

改善的教育，即使有半年的空白，組織的改善能力也不會掉落吧。可是，三年間中斷時，組織的能力確實會掉落的。其中的一個理由是未接受基礎教育的人慢慢地增加，而「客觀地評價事實」、「以數據說話」的文化就會消失。

尊重人性，簡言之就是尊重人的
1. 自主性。
2. 思考性。
3. 創造性。
　　人與動物、機械最大不同之處即是以上三者。

11-5 支持改善的基本想法

1.何謂PDCA

PDCA 是將計畫（Plan）、實施（Do）、確認（Check）、處置（Act）的第一個字母排列而成，是管理的基本原理。將此概要表示在圖 11-5 中。

計畫（P）的階段是「決定目的、目標」的階段，也含有「決定達成目的、目標之手段」的階段。

實施（D）的階段，可分成「為實施而作準備」與「按照計畫實施」的階段。

確認（C）的階段，是確認實施的結果是否如事前所決定的目的、目標。

處置（A）的階段，是觀察實施的結果與事前所決定的目的、目標是否有差異，視其差異採取處置。

譬如，目標未達成時，要調查目標未達成的理由。接著，視其理由採取處置。譬如，下次以後要改變實施的作法或重新設定目標。

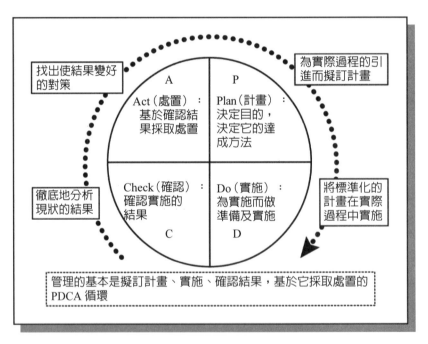

圖 11-5　管理的基本原理：Plan、Do、Check、Act 與改善

2.改善是轉動PDCA的循環

改善活動的基本是適切觀察實際狀況，視需要採取處置，即所謂的 PDCA 的循環。後面會敘述的改善活動的標準式步驟，是持續 PDCA 中對應「CAPD」的過程。

改善是對應（C）的階段，徹底地分析現狀。這是為了避免基於「深信」而作了錯誤的決策。接著，依其結果採取處置（A），為了使結果成為好的水準，思考要如何做。然後，當知道結果處於好的水準時，再將它以計畫（P）進行標準化。當迷茫不知作什麼才好時，思考在 PDCA 之中處於哪一個階段，是改善的捷徑。

3.不斷提高P持續性地改善

如讓 PDCA 不斷發展時，即成為持續性地改善。儘管按照計畫階段所決定的事項實施也未達到目標時，採取適切的處置即可期待目標的達成。因此，將目標設定在較高的水準，假定目標即使未達成仍要採取適切的處置，當可期待能達成高的目標。持續地實踐 PDCA，即可將目標慢慢地提高，最終而言，產出的水準即可提高。此概念圖如圖 11-6 所示。

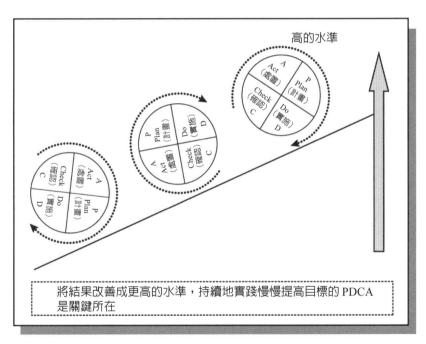

圖 11-6　PDCA 的持續應用使全體的水準提升

11-6 「以數據說話」是原則

1.「使用數據說話」的重要性

使用數據來說話時，改善的成功機率是相當高的。因此，不允許失敗時，或者採取幾個對策也無法順利進展時，收集數據以邏輯的方式判斷事情是很有效的。

此處所說的數據，不只是何時、在何種狀態下，接受幾件客訴此種被數值化的定量性資料，也包含像是觀察顧客行爲的錄影帶、觀察的記錄等表現事實者。換言之，並非頭腦中所想的假設，而是表現現象者。好好認識事實，根據它從事改善正是「使用數據來說話」的意義。

使用數據是防止以「深信」來判斷，而是爲了能客觀地、合乎邏輯地來判斷。如果是認真從事工作的話，爲了使結果變好就會設法謀求對策。可是，打算好好地做，而結果並不理想的情形也很多。那是未切中目標的對策所致。

關於「以數據客觀地、合乎邏輯地判斷」來說，不妨使用例子來說明吧。某大學隨著 18 歲人口的降低，志願入學者的人數在減少。以 1990 年度的志願者人數當作 100，畫出志願者人數的圖形後，如圖 11-7(a) 所示，志願者人數是呈現減少。

因此，在 1997 年結束後，以增加志願者人數爲目標，從事大規模的廣告活動。此事是以宣傳活動在全國巡迴，成本上花費不貲，雖然它一直持續到 1998 年以後，但志願者人數還是減少。在 2004 年結束後，終於到了重新思考以往的廣告活動的時候了，由此數據可以判斷廣告活動是有效的嗎？或者因爲沒有效果所以判斷作罷呢？

在統計學的課堂上進行此詢問時，「實施廣告活動之後志願者人數也在減少，所以毫無效果。因此，應該中止花費成本的廣告活動」，經常會得到如此的回答。以粗略的看法來說，如此的回答也許是可以的。

可是，正確來說應考慮 18 歲人口的規模正在變小的狀況。因此，廣告效果之有無，與 18 歲人口的減少情形相比，此大學的志願者人數減少多少是應該依據此來議論的。亦即，如圖 11-7(b) 那樣，廣告活動的效果，與市場的下降情形相比是屬於何種程度，應依據此來議論。

只是比較廣告活動引進前後，議論廣告活動的成果時，如圖 11-7(a) 的情形，將有效果的當作沒有效果來判斷會發生損失。這雖然是志願者人數的例子，但是應該客觀地合乎邏輯地評價事實的狀況卻有很多，從這些事情來看「以數據來說話」即受到重視。

2.「以數據來說話」應用統計的手法是最有效的

以數據來說話，應用統計的手法是很有效的。以先前的例子來看，18 歲人口的減小，即使概念上知道，要如何將它以定量的方式來表示才好呢？從志願者人數的數據圖也可了解，這些數據是帶有變異的。要如何估計變異的幅度才好呢？從此種事情來看，統計手法的應用是最具效果的。本處只介紹它的概要，數據能訴諸什麼？使它容易說話的是統計手法。

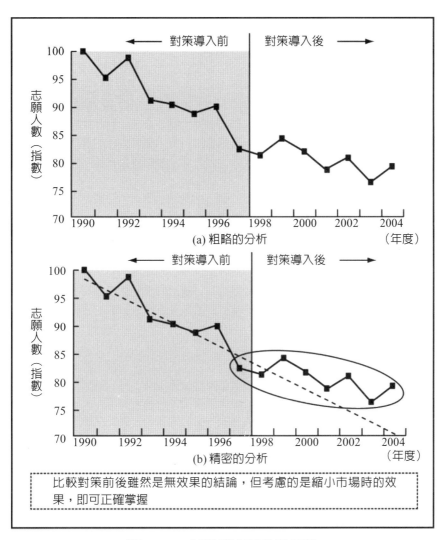

(a) 粗略的分析　（年度）

(b) 精密的分析　（年度）

比較對策前後雖然是無效果的結論，但考慮的是縮小市場時的效果，即可正確掌握

圖 11-7　以數據表達的重要性

11-7 改善步驟的需要性

1.維持與改善

　　組織要持續成長，應設定適切的進行方向，某個部分使狀態安定化要予以維持，某個部分則有需要改善。譬如，餐廳品質的好壞，是取決於所提供的料理、待客、店內氣氛等種種要素來決定。因此，餐廳整體來看時，要使之處於良好狀態。譬如，就料理來說，要比現狀的水準更好，並且店內氣氛因爲獲得顧客良好的評價要使之持續，待客態度由於取決於待客負責人而有變異，因之要減少此變異，像這樣有需要使現狀與餐廳的方針整合後再進行改善。

　　所謂「維持」是使結果能持續安定的活動。相對地「改善」是使結果提升至好水準的活動。對改善來說，以既有系統爲基礎慢慢地改善，或建構新系統以大幅改善爲目標的情形也有。

2.維持的重點

　　對維持來說，像作業程序書、待客手冊等記述作法的標準，要適切地製作，依據該標準使作業確實是很重要的。直截了當地說，「維持的重點在於適切的標準化」，標準化的詳情會在其餘章節中說明。這是基於對結果會有重大影響的要因，將它們固定在理想水準的一種原理。

　　譬如，餐廳的服務，要如何才能持續地將菜單上的料理，以美味狀態來提供給顧客享用呢？首先，有需要適切地採購能作出美味料理的材料，而且，烹調準備也會影響料理的美味。甚且，調理方法當然也是很重要的。像這樣，各式各樣都會影響料理的美味，因之，要決定好這些的作法，使之能持續提供美味的料理，具體言之，決定好材料的供應商、採購方法、烹調準備的作法，廚師則依據它進行烹調準備。並且，選定好記入有料理作法的食譜，依據它製作料理。

　　雖然標準化有種吃力的印象，但像這樣它卻是平常我們在實踐的活動。利用適切的標準化，經常能提供美味的料理，可以維持在理想的狀態。標準化是貫徹使結果處於理想狀態的作法。亦即，使結果處理想狀態的作法，以料理的例子來說，如何尋找美味料理的「作法」是關鍵所在。

3.改善的重點

　　維持雖然可以在「標準化」的一個關鍵語之下進行活動，但改善則有需要去發現與以往不同的方法。就料理的情形來說，有需要去發現製作美味料理的方法。並且，爲了能提供美味的料理，包含年輕廚師的教育在內有需要充實體制。在此意義下，改善比維持處理的範圍變得更廣。

　　改善必須廣泛地著手，此有幾個重點，適切掌握現狀，視現狀引進對策，觀察對策的效果，再推進標準化等。匯整這些的程序，即爲以下要說明的改善步驟。

4.改善的步驟任務

改善的步驟，以下的兩個意義是很重要的。

(1)在改善活動之中，接下來要作什麼才好，不得而知時，如依據此步驟，應該要作什麼，即可明確。

(2)依據改善的步驟時，儘管 A 先生、B 先生以不同的對象從事改善，仍可共享不同對象的經驗。

首先是 (1) 的重要性。譬如，就大飯店的服務來說，有來自顧客的不滿心聲，要如何改善此不滿呢？針對有不滿心聲的人，在道歉之後進行訪談打聽出問題點，就直接地採取對策？譬如，有顧客抱怨櫃台的應對不佳，立即實施櫃台的再教育嗎？或者，針對與顧客滿意（CS）有關的所有服務，以提升其水準爲目標實施對策嗎？由於經營資源是有限的，因之必須只採取有效的對策才行。亦即，取決於時間與場合而定。如何洞察此「時間與場合」是很重要的，改善的步驟是使它明確。

其次是 (2) 的重要性。A 先生是在大飯店中就職，擔任櫃台的工作。接著，A 先生讓櫃台的服務品質提高，獲得了顧客良好的評價。不只是櫃台，也向餐廳、其他部門水平展開，爲了讓改善能落實要如何做才好呢？譬如，未向 A 先生告知任何發表的指引而讓他發表，對在其他部門工作的人來說，如果未閱讀內文的說明是不易了解的吧。可是，A 先生的發表如果依據改善的步驟時，即使部門獨特的用詞多少不了解，整個內容的流程是可以理解的，即可共享改善案例。

改善，日文稱爲 Kaizen，意思是連續不斷的改進、追求完善。改善的字面意義就是透過改（Kai）使之變好、完善（Zen）。

11-8 改善的步驟

1. 由6個階段所構成的改善步驟

為了提高改善的成功機率，由以下 6 個階段所構成的步驟是非常有效的。

(1)將改善的背景、日程、投入資源、應有姿態等加以整理（背景的整理）。

(2)徹底地調查現狀（現狀的分析）。

(3)探索問題的要因（要因的探索）。

(4)基於要因的探索結果去研擬對策（對策的研擬）。

(5)驗證對策的效果（效果的驗證）。

(6)將有效果的對策引進到現場（引進與管制）。

此步驟的詳細情形留在以後陸續說明，此處將它的概要、問題點，表示在表 11-1 中。

此步驟的背後有如下的想法。

(1)基於事實，以科學的方式、合乎邏輯的方來進行。

(2)原因並非立即閃現，首先要徹底分析現狀。

表 11-1　改善的步驟

步驟	內容	問題點
(1) 背景的整理	整理背景、投入資源、期間、應有姿態	基於事實正確設定改善的目的、期間等
(2) 現狀的分析	徹底調查現狀	使用時間數列圖或層別等，就結果的現狀徹底地調查
(3) 要因的探索	探索問題的要因	依據現狀分析的結果探索要因
(4) 對策的研擬	基於要因的探索結果研擬對策	關於要因的假設，要依據對該領域的知識來建立
(5) 效果的驗證	驗證對策的效果	收集數據，確實進行驗證
(6) 引進與管制	引進有效果的對策到現場	改善的負責人與現場的負責人有時是不同的人，為彌補其差異而進行管制
依據此步驟進行改善時，就不會茫然不知接下來要做什麼，並且成功機率也提高		

　　當發生問題時，直覺地認為是它，而對它採取對策，不一定能說是不好的。如果它能順利解決時，不費功夫是很有效率的，對問題以直覺的方式採取對策可以說是「經驗、直覺、膽量」的探討方式，有時是可以借鏡的。可是，此種方式的應用不佳者，像是問題並未解決，卻仍以直覺的方式持續採取對策之情形，以及在不允許失敗的狀況下，只憑直覺採取對策之情形。換句話說，以直覺的方式無法順利進行之情形或不允許失敗的狀況下，依據上述的步驟以科學的方式進行改善是有需要的。

　　上述的步驟在品質管理的領域中稱為「QC 記事（QC story）」或「問題解決 QC 記事」。取決於書籍，步驟的區分有若干的不同，但本質上卻是上述的步驟。另外，

以 TQM 爲範例在美國發展起來的 6 標準差，則是以 DMAIC 如表 11-2 所示的改善步驟加以提示。基本上，此與剛才的步驟是共通的。從這些來看，先前的步驟對改善來說，泛用性是相當高的。

2.在改善的規模上探討方式是不同的

改善如以下那樣，

(1)以既有的系統爲前提，腳踏實地獲取成果。

(2)不以既有系統作爲前提，利用大規模的變更，以較大的成果爲目標，依規模的大小，探討的方式是有不同的。

以 (1) 型的例子來說，可以舉出像是大飯店的服務品質，使用既有的大飯店設施以變更人員配置或改訂待客手冊之類，略微地下功夫或變更教育方式等去進行改善。另一方面，(2) 型是利用大飯店本身的革新，以創造出新顧客爲目的。

表 11-2　改善的步驟名稱

步驟	其他書籍所使用的名稱	6 標準差的名稱
(1) 背景的整理	選定主題的理由、背景整理	Define（定義）
(2) 現狀的分析	現狀分析、現狀掌握	Measure（測量）
(3) 要因的探索	解析	Analysis（解析）
(4) 對策的研擬	對策研擬、對策	Improve（改善）
(5) 引進與管制	對策的引進、標準化、防止、今後課題	Control（控制）
改善的步驟依書籍而有不同，但本質上的流程是相同的		

這些例子可以了解到，(1)、(2) 如以改善的規模來看時是連續性的。並且，以部級來看時，雖然是新的系統，但在組織全體中只是一部分改變而已，可以想成是既有系統的變更。像這樣，新系統或是既有系統是取決於看法。

以既有系統爲基礎來考慮，適合於腳踏實地不以相當大的水準之成果爲目標。相對地，基於新系統的建構進行改善，即爲高風險、高報酬的改善。此外，愈是大規模，愈需要周到準備與大量的資源。亦即，大幅改變既有的系統或建構新的系統時，有需要保持更廣的視野，並就許多地方進行檢討。

以既有系統爲前提進行改善之情形，以及將新系統的建構也放入視野，進行改善的情形，將這些步驟的要點、相異點加以整理，表示在表 11-3 中。基於既有系統的改善步驟稱爲「問題解決 QC 記事」，也考慮新系統以大幅改善爲目的進行的步驟稱爲「課題達成 QC 記事」，以茲區別的情形也有。考慮新系統的步驟是強調以下幾點：

(1) 基本上是共通的步驟。

(2) 建構新系統時，具有廣泛的觀點。

關於這些的詳細情形，容於後面章節說明。

表 11-3 也考慮新的系統大幅改善時的要點

步驟	以既有系統為前提之改善	也考慮新系統的大幅改善
(1) 背景的整理	整理目的、應投入資源、日程等	考慮新系統時,規模也變大,預測變得困難
(2) 現狀的分析	徹底調查現狀	現狀分析時,判斷以既有系統是否能達成目的,針對有類似機能的系統的現狀進行分析
(3) 要因的探索	探索問題的原因	不僅是既有系統中結果與要因之關係,對新系統也考慮要因
(4) 對策的研擬	基於所設定的假設,訂定對策	在建構新系統時,將該系統具體呈現
(5) 效果的驗證	驗證對策的效果	除了驗證效果外,也綿密地檢討新系統的波及效果
(6) 引進與管制	將對策引進現場	更綿密地進行標準化、教育等
考慮新系統時,步驟的構造雖然相同,但從更廣的觀點考察系統案,探索要因,檢討引進及波及效果		

改善要腳踏實地,一步一腳印,並一定要做到持續不斷的改善。

改善分成以既有系統為前提之改善,以及以新系統為對象的大幅度改善。前者即俗稱的改良過程,後者即常說的創新過程。

Note

11-9 有關手法的整體輪廓

　　就各個步驟來說，除了目的之外也有許多有助益的手法。此處是介紹這些手法的概要。圖 11-8 是將改善的各步驟經常所使用的手法加以整理。在此圖中，被揭載的手法並非只能在各自的步驟中加以使用。幾乎手法可在數個階段中加以使用。譬如，統計圖（graph）不管在哪一個階段中均能有效果地被使用，不妨將它想成是應用的參考指標吧。

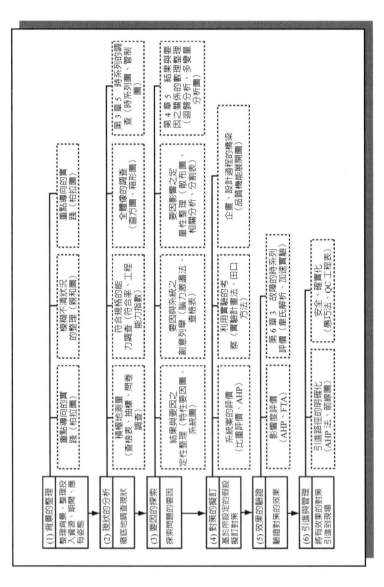

圖 11-8　改善的各步驟經常所使用的手法

第12章
背景整理

12-1 背景整理的目的

1.「背景的整理」是作什麼

在改善的最初步驟「背景的整理」階段中，要查明

(1)改善的需要性。

(2)原本應有的姿態。

(3)改善的規模。

(4)投入的資源。

(5)日程。

等。

在此階段中，就改善的對象來說，為何需要改善應使之明確。譬如，市場中的產品品質的競爭激烈化，因之才要改善的嗎？或者是為了降低成本嗎？需要適切地討論。一般來說，在進行活動時，忘記了「為什麼」從事該活動，只集中在「如何」進行活動而迷失方向的情形也有。為了避免此種事態，事先弄清楚是為了什麼從事改善。並且，在此階段使原本應有姿態明確。譬如，對新產品來說，為了確實滿足規格，變異應在多少程度之內，加工精度要決定在何種程度才好等，可以舉出許多方式。

改善的規模、投入的資源也要事先決定。譬如，考慮大飯店的改善時，改善櫃台的應對以期有成果時，是以既有系統作為前提呢？或者包含大飯店的改裝在內，全面性地翻新那樣去考慮新系統的建構呢？均要事前決定好。

此外，將可能投入的人、物、錢、資訊等的經營資源，為了專案的進行要配合日程予以決定好。當然正確的預測是不可能的，經營資源與日程大略是多少，可事先決定好。

這些之決定，也可以說是改善範圍的決定。事先決定改善的範圍是依據以下的理由。進行改善時，預算、人力資源超出預期，必須改變方向的時候也有。雖然不改變方向也行，但不管是如何綿密地在事前擬訂計畫，也仍有可能發生不如預期的事態。

最壞的情況是結果並不理想，因之不斷地投入資源，或結果不理想而延誤中止，只有使投資變得膨大。為了避免此事，要有效果地進行改善活動，如之，在何種程度的投入下，如果不行時就放棄呢？也有需要事前先決定好。

2.為了大幅地改善

需要大幅地改善，無法以既有系統作為前提時，或需要建構新系統時，改善的步驟也是有效的。在改善的步驟中，也考慮到新系統的建構，對於以大幅改善為目標時，有需要拓展視野準備周詳地從事活動。

在背景的整理方面，應做的事項與以既有系統作為前提的改善，雖然並無甚大的不同，但對於這些要更正確地、仔細地決定與評估。亦即，以大幅改善為目的或建構新系統時，要正確地評估改善的需要性與原本的應有姿態，以及仔細地決定改善的規模、投入的資源、日程等。在以下的步驟中，由於是依據現狀與原本應有姿態之差距建構系統，因之從此意來看，也有需要更正確地評估原本應有的姿態。以小幅改善

為目標時，既有的系統成為默認的前提，此對活動本身來說，帶來某種程度的防止效果，因之，持續投入資源最終失敗的最壞可能性也不會是那麼地高。另一方面，以大幅改善為目的，不以既有系統為前提考慮新的系統時，會變成何種程度的規模並無頭緒，一旦察覺時，成果並未出現卻從事了莫大的投資，演變成最壞事態的可能性也是有的，為了避免此種可能性，事前要決定好改善的範圍。

3. 工具的整體輪廓

在背景的整理階段，主要的著眼點是改善的規模、前提條件、範圍、應投入的資源、應有的姿態等的明確化，此並無特別的專用手法。視需要可以使用適切的手法。此階段的著眼點寧可放在要作成何種的改善專案，以及什麼不行時是否要放棄等的決定，因之定性的檢討即成為中心。並且，在定量的檢討上，首先基礎的累計方法也是很重要的。

本章中介紹利用數值型資料以進行重點導向所需的「柏拉圖」以及整理茫然不清的狀態所需的「親和圖」。另外，以基礎的累計方法來說，像「平均」、「標準差」等的定量性資料的整理方法也一併介紹。

在背景的整理階段中，主要的著眼點是確認改善的規模、前提條件、日程投入的資源、應有的姿態等。

常用的圖形有柏拉圖與親和圖，以及基礎的累計方法如平均、標準差等。

12-2 以重點導向來進行──柏拉圖

1. 發現重要度高的項目

所謂柏拉圖是將服務的客訴項目或產品的不合格項目，按出現次數的多寡順序排列，以顯示哪一個項目出現最多，應將重點放在哪一個項目才好的一種圖。此工具的基本，即為重要的少數（vital few）與不重要的多數（trival many），亦即重要的項目占少數，不重要的項目占多數的一種想法。

柏拉圖（Pareto）是義大利的經濟學者的姓名。柏拉圖在考察貧富的分配時，許多的財富似乎由少數的人所寡占，財富的分配形成不均衡。朱蘭（Juran）指出此想法對於品質的問題也是一樣的，在各種品質問題中，重要性較高者占居少數，從此即被用來作為以品質為中心的改善。

在某個鍍金的製程中，就新契約中有關電鍍處理來說，鍍金的產出被要求必須「電鍍沒有剝落」、「沒有露出」、「膜厚在一定範圍內」、「無傷痕」、「鍍金沒有過度殘留」等。使用既有的設備、標準，進行150個的鍍金處理，調查其產出情形。結果，未滿足膜厚要求的產品有66個，出現剝落的有23個。將此作成柏拉圖予以整理者，既如圖12-1所示。

在此圖中，知道未滿足膜厚要求，以及出現剝落的情形是主要的品質問題。此兩者占全體不良約有70%左右，可以判斷此等問題的對策是被期待的。

如此圖那樣，柏拉圖是將客訴的出現次數等的結果系指標取成縱軸，客訴的項目取成橫軸。此時，橫軸的項目是按出現次數的多寡順序排列。並且，通常將歸納幾個項目後的「其他」畫在最右端。以結果系的指標例來說，有「浪費的成本」、「失敗數」等。另外，以指標的出現區分來說，有「品質問題的種類」、「製程」、「時間」等。

接著，基於此出現次數，記述累積曲線。在圖12-1中，也記入有累積曲線，在右側的軸上記入其數值。如果這些項目均是相同數字時，累積曲線與連結左下角與右上角的直線一致。換言之，偏離此直線是表示不均衡。

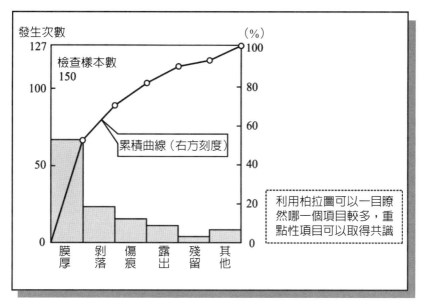

圖 12-1 有助於重點導向的柏拉圖：電鍍不合格品例

2.柏拉圖活用的要點

柏拉圖是否爲有效果的圖，取決於「縱軸的設定是否妥當」、「橫軸的區分是否妥當」。柏拉圖的縱軸可使用不良的出現次數或浪費的成本，因爲是鎖定問題焦點的手法，所以使用直接表示結果好壞的指標是較好的應用方法。

並且對橫軸說，有需要使區分形成相同的比重。譬如，爲了改善大飯店的服務，考慮將客訴件數當作縱軸的柏拉圖。接著，以橫軸來說，當作「櫃台」、「客房」、「餐廳」等時，哪一個領域的客訴最多即可知曉，同時也可知道應採取對策的部門。另一方面，像「櫃台 A」、「櫃台 B」、「櫃台 C」、「客房」、「餐廳」等只將櫃台細分化時，平衡即變差。亦即，橫軸的項目有需要採相同的比重。

此外，不僅柏拉圖，對於類似此種累計來說可以一概而論的是，每一件客訴的重要度均是一樣的，此爲前提所在。譬如，餐廳中關於食物中毒的客訴儘管只有一件，這仍是應優先解決，可是如將這只當作一件，就會忽略問題。

12-3 整理茫然不明的狀況──親和圖

1.將片斷的資訊根據類似性加以整理

　　親和圖曾在前面章節有過說明，簡言之，所謂親和圖是將片斷被記述的資訊，根據此資訊具有的類似性，按階層的方式，以及以視覺的方式去歸納的方法，問題的構造即可明確整理。什麼是服務不佳呢？將它以定性的方式進行整理時，親和圖是很有幫助的手法。支持此方法的想法是「階層式的整理」與「根據類似性整理」。就大飯店的服務改善來說，將目前所提供的服務不佳之處，以親和圖整理者，即如圖 12-2 所示。在此圖中，將類似的資訊放在一起予以整理。並且，對於相互的資訊來說，何者是上位概念、一般性的表現呢？可用四方形圍起來表示。

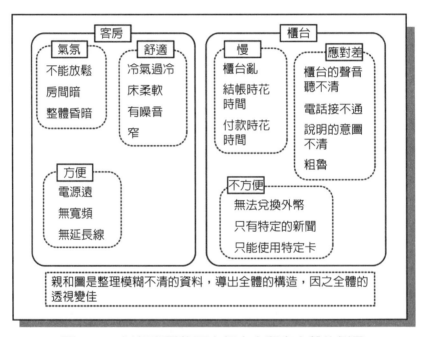

圖 12-2　以親和圖整理大飯店中顧客心聲的例子

2. 親和圖的活用例

某大飯店，依據來自顧客的意見調查、從業員的過去經驗，收集許多有關提供服務的事實。其中，也包含櫃台應對不佳視為不明的資訊，以及櫃台無法兌換美元的具體資訊。因此，親和圖是將這些所列舉的資訊加以整理的手法。

親和圖是從階層、類似性整理原始的資訊。在客房服務之中，「電源太遠」或「沒有延長線」是方便使用客房，在意義上是相類似的。並且，兩者是表現客房方便的具體要求，「便利性」此階層則是表示這些要求的上位概念。

此種親和圖是將階層相同，且相類似者放在一起當作一束來提示。接著，從階層、類似性分成幾束來製作。在圖 12-2 的大飯店的例子中，「氣氛」、「方便」、「舒適」可視為它們的上位概念，即「客房」的要求而形成一束，並且，對櫃台而言也同樣製作。像以上那樣作成親和圖時，模糊不清或上位概念是什麼等不明的資訊，從階層類似性來整理，對象的洞察就變得一清二楚。

3. 親和圖活用的重點

第一個重點是階層的整理。就大飯店服務來說，假定從顧客傳來的兩個心聲，即「櫃台的應對不佳」、「忘記了顧客對客房服務的請託」。「櫃台的應對不佳」是將「忘記了顧客對客房服務的請託」一般化表現，後者也可當作前者的具體例來掌握。像這樣，片斷性所得到的資訊，它們的階層並不一定是一致的。因此，為適切活用，腦海中有需要充分記住資訊的階層。

第二個重點是如何發現類似性。以先前的大飯店的例子來說，「忘記了顧客對客房服務的請託」與「所請託的延長線慢了拿來」，從「櫃台應對」的意義來看是有類似性的，另一方面，「客房服務」與「延長線」，從顧客請託此點來看，則是不同的資訊。

要如何定義階層、類似性，簡單地說就是「要能清楚洞察對象」。因之，與成為改善對象的流程緊密結合來考慮是很重要的。大飯店的例子，如考察顧客利用大飯店的流程時，可以想到櫃台、客房、餐廳等。像這樣，考量服務的流程時，洞察即變佳，改善變得容易。

12-4 定量性地整理——利用平均、標準差來檢討

當收集了所測量的數據時,首先利用圖形等來表現數據以探索表徵,同時,也計算平均與標準差等的統計量,定量地整理並客觀地表現,以定的方式整理的觀點有許許多多。當收集像重量、長度等的量數據時,首先從「中心位置」與「變異」的觀點來整理。

1.平均、標準差的活用例

表示數據的中心位置經常使用「平均值」,表示數據的變異程度經常使用「標準差」。像父親的身高與孩子的身高此種「成對」數據的情形,經常使用相關係數。除此之外,也有許多的方法,詳細情形參閱第二篇的統計方法,以下考察基本的統計量吧。

圖 12-3 是從 8、13、11、9、7、12 等 6 個數據計算平均。如報紙上經常有「○○的平均是多少」的表現那樣,在日常生活中經常加以使用。計算過程如圖 12-3 所示,將數據的總和除以數據數,是非常容易理解的。

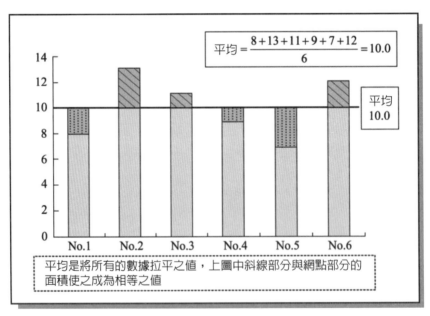

圖 12-3　定量地測量數據的中心位置即為平均

　　標準差是表現變異，從字面上去了解標準差覺得不易，但分成「標準」的「偏差」就變得容易理解了。如圖 12-4 所示，所謂「偏差」是表示數據的中心與各個數據之差。今有 6 個數據，所以有 6 個偏差。此處的「標準」，其意義與標準大小等的意義是相同的，是指「平均」之謂，由以上來看，標準差即為偏差的平均大小，只是偏差以和計算有時成為零，因之改採以偏差的平方和來計算。

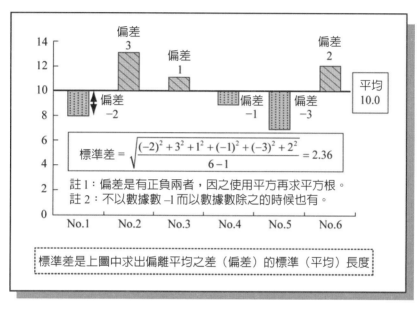

圖 12-4　定量地測量數據的變異即為標準差

2. 平均、標準差的活用要點

　　如活用標準差時，對數據的理解更可加深一層。像報紙上，「○○歲的平均薪資是×× 萬元」那樣，有基於平均值來記述的情形，但事實上「這畢竟是平均，實際上是有變異的」如此認為的人也很多。的確有此種的看法是非常正確的，標準差是以定量的方式表現此變異。

　　如應用數據分析經常所使用的常態分配的理論時，「平均 ±1× 標準差」之間占全體的 70%，「平均 ±2× 標準差」時是占 95%，接著「平均 ±3× 標準差」時，幾乎包含全部的 99.7% 的數據。此概要表示在圖 12-5 中。

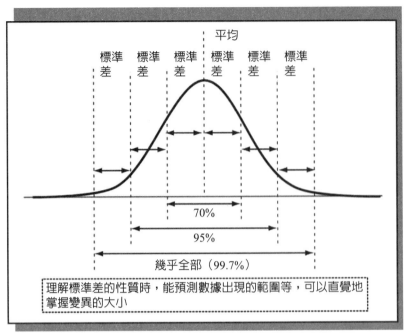

平均

標準差　標準差　標準差　標準差　標準差　標準差

70%

95%

幾乎全部（99.7%）

理解標準差的性質時，能預測數據出現的範圍等，可以直覺地
掌握變異的大小

圖 12-5　標準差的方便性質

像健康診斷等，設定有如果是在此範圍就可放心的正常範圍。這是利用常態分配的理論加以計算的。亦即，收集許多被視爲正常人的數據，由此計算平均與標準差。接著，計算「平均 ±2× 標準差」的區間，根據此決定正常範圍。如此一來，正常人的95% 是落在此區間，因之成爲落在此範圍即可放心的大略指標。

又像考試經常所使用的「偏差值」，考試的原來分數，依科目平均有大有小，或者變異有大有小，爲了將它統一化而加以使用。具體言之，使偏差值的平均成爲50，標準差成爲 10，將原來的數據如此進行變換。如此一來，如應用先前的常態分配的理論時，偏差值在「40 到 60」之間約占全體的 70%，「30 到 70」約占全體的95%，「20 到 80」之間約占全體的 99.7%。另外，國人的成年男性的身高其標準差是多少呢？這雖然是大略的推測，但被認爲是 5 cm。國人的成年男性的平均身高大概是 170 cm。如觀察我周遭的人，超過 180 cm 的人或低於 160 cm 的人，大約是占全體的 5%。像健康診斷、偏差值等，爲了評估身邊事物的變異大小，說明了其背後使用標準差的理由。那麼，是否已經可以定量性感受變異的大小了呢？

第13章
現狀分析

13-1 現狀分析的目的

1.「現狀分析」是做什麼？

在「現狀分析」的步驟中，徹底地調查現狀，亦即「查明 WHAT」，在接著的「要因探索」的階段中，思考為何會變成如此的現狀，亦即「思考 WHY」。以尋找犯人作為比喻，此階段的目的是徹底調查現場所殘留下來的狀況等。另一方面，尋找犯人的線索，調查不在場證明，則是其次的步驟。

改善的步驟中，將焦點鎖定在現狀，再徹底調查處於何種的狀況，具有如此的特徵。如前面所介紹的改善實踐事例中的說明，一般影響結果的要因有無數之多。譬如，電鍍膜厚的情形、電鍍過程的作業環境、電鍍原料、電鍍槽的狀況等許多的原因。或者像大飯店的服務，若是籠統的說「改善服務的品質」，就出現有許多的備選案，也無法適切採取對策。因此，首先要調查結果在目前是處於何種狀態。

電鍍膜厚不符合規格，可以想到如圖 13-1(a) 那樣「慢性」發生的情形，以及如圖 13-1(b) 那樣「突發性」發生的情形。如果是慢性發生的情形，可以認為是每日工作的作法不佳，要著眼於每日工作的作法進行改善。另一方面，如果是突發性出現電鍍的不合規格時，就要以出現不合格規格的特定日作為線索思考對策。亦即，取決於結果成為如何，往後的應對就有所不同。因之，在此步驟中，要徹底地調查現狀是如何的不佳，要因的探索就會變得容易。此與徹底地調查犯罪現場所留下的證物，限定犯人的範圍是一樣的。

2.為了大幅改善

在考量大幅改善方面，有需要檢討的是使用既有的系統呢？或者考慮新的系統呢？找出原本應有的姿態與現狀的差異，如果此差異很小時，使用可期望獲得踏實成果的既有系統即可。另外，如果有甚大差異時，為了完全改變作法，有需要引進新的系統。此概要如圖 13-2 所示。

在既有系統上進行，改善的變更時間也少，改善的成功機率也較高，相對地，大幅改善就變得難以期盼。另一方面，新系統的建構，成為高風險、高報酬。在既有系統上進行改善或建構新系統呢？找出在既有系統上進行的優點與缺點後，從綜合的觀點來判斷。

另外，涉入新產品的領域等，認為完全沒有既有的系統，這在邏輯上雖然有可能，但實際上是不可能的。譬如，過去生產汽車的公司，為了擴大銷貨收入，儘管涉入餐飲事業，但是像銷售網的充實、機器的共同性等，某處仍有共同的系統。因此，並非因為是新的領域，過去的知識不能使用就認為無法預測，適切地找出共同的部分、類似的部分等，預估作成新系統的效果，再考量是否要採行既有系統或新系統。

3.工具的整體輪廓

現狀的分析其目的是徹底調查結果變成如何，因之要觀察與結果有關的數據整體輪廓，按時間系列地觀察並層別看看。因之，擬介紹相關的手法。此處列舉的手法是比較泛用性的。譬如，統計圖（graph）等，在其他的步驟中也經常使用。

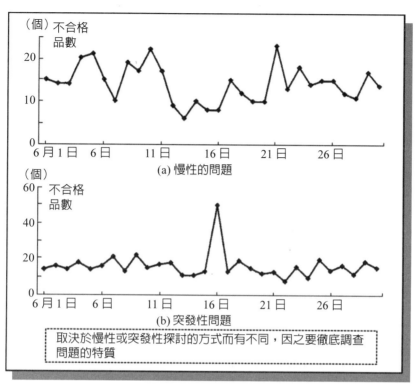

圖 13-1　慢性問題與突發性問題例

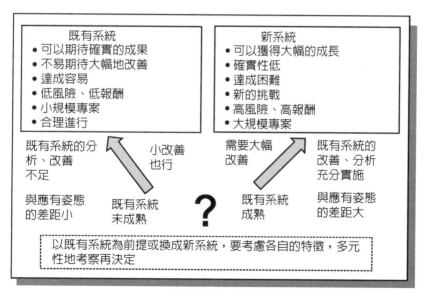

圖 13-2　既有系統或新系統的判斷

13-2 積極地收集事實

本節介紹的查檢表、抽樣、問卷調查,於測量事實後再銜接現狀分析時是很有效的。查檢表是爲了容易收集數據所使用的工具。並且,抽樣是考量要用多少程度的數量來收集數據而提供的指標,爲了從少數的數據考察全體而提供判斷的基礎。此外,問卷調查是收集較爲多量的數據,考量現狀的評價時是有幫助的。

(一) 查檢表

1.確實收集數據

所謂查檢表(checklist)是爲了在日常業務中收集數據,經種種的設法使之可確實收集數據的表格。查檢表並無固定的格式、製作步驟。有需要下功夫使之能正確決定應測量的項目,並且能正確被測量。

2.查檢表的活用例

在某電鍍過程中,所製作的查檢表例,如圖 13-3 所示。在此電鍍處理過程中,於電鍍處理後有確認品質的檢查。在此檢查過程中,爲了確認與顧客的交易中電鍍膜厚是否在一定的範圍或有無電鍍的剝落情形。因此,爲了能一目瞭然地知道這些記入的方法,要事先決定好查核表上的記載事項。

3.查檢表的活用重點

在製作有效的查檢表方面,首先要使應測量的項目明確。在先前的例子中,產品的規格是針對電鍍膜厚、電鍍的剝落等予以設定,因之查檢這些是非常重要的,將它們當成測量項目。

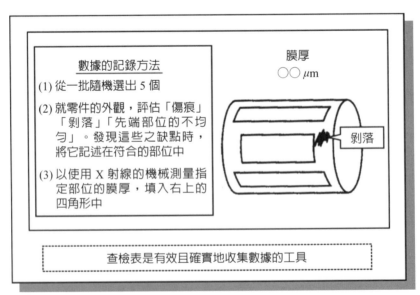

圖 13-3　積極收集數據的查檢表:電鍍零件例

其次，為了能確實地收集數據使之記入容易，並且不妨礙日常業務，因之要對查檢表的設計下一番功夫。讓實際使用查檢表的人試用看看，探索最合適的設計是可行的作法。

最後的重點是，即使服務方面也能活用。利用查檢表收集數據，能在各種現場中應用。並且，查檢表適合於掌握出現何種程度的數目。

(二) 抽樣

1. 表現數據的收集步驟

收集數據之際，無法針對所有的對象進行測量時，可以只以一部分為對象進行測量。此稱為抽樣（sampling）。為了提出留學計畫，考慮留學者數名針對實際情況進行面談時，面談的對象即為所有考慮留學者的一部分而已。收集數據的對象稱為樣本（sample），選擇此樣本的行為稱為抽樣。

抽樣手法是指決定如何收集樣本，然後要收集多少樣本。對前者來說，譬如，考慮希望留學者，是要分成男性、女性呢？或者不區分性別進行抽樣呢？基本上，是採取隨機抽樣。另一方面，對後者來說，使用統計理論可以知道需要抽取多少的樣本。

2. 抽樣的活用例

以抽樣調查來說，非常有名的是電視的收視率調查，就是想調查全國觀看某節目的比率。由於調查所有的住戶甚為困難，因之調查一部分的收視率，而後估計全國的收視率。

依據收視率調查的大公司 Video Research 的作法是針對數百住戶進行調查。此時的誤差如依據統計理論來考察時，若全國有 20% 的人在觀看某節目時，300 家住戶的調查其誤差範圍是在 5% 左右。因此，在 0.1% 水準下收視率是上升或下降是沒有意義的。並且，此時如想設定在 0.1% 時，有需要以 50 萬到 100 萬的單位來增加住戶的調查。

3. 抽樣活用的重點

抽樣的基本是隨機的收集樣本，隨機抽樣也是有應用統計理論的條件。譬如，調查進廠的布料，只以一部分調查也不能說是調查所有的布料。無法從全體隨機抽樣時，也有從一部分隨機選出的方法。並且，抽樣的方法具有可以得知需要的數據個數。「像這樣，以少數的數據就行嗎？」具有此種疑問的情形也不在少數，針對此可以提供定量上的解答。

(三) 問卷調查

1. 收集大量的意見

所謂問卷調查是針對有興趣的對象，分析問卷上的回答，調查現狀與期望等的方法。在顧客滿意度調查方面，經常使用問卷調查。在調查時，要設法使問卷容易回答，並要擬訂調查的計畫，使解析的精確度足夠是很重要的。

2. 問卷調查的活用例

某旅館的顧客滿意度調查表如圖 13-4 所示。此目的是針對大飯店所提供的服務，調查滿意的部分、不滿意的部分，有助於滿意度的改善。調查問項是根據大飯店投入的服務、認為重要的服務來決定。

3. 問卷調查的活用要點

在進行問卷調查時，使調查的目的明確是很重要的。問卷調查最擅長的地方是數目的調查，像是 A 與 B 的哪一個意見支持的人數多等。另一方面，不拿手的地方，像是有何種的要求等的探索。儘管設置有「其他」欄可以自由回答，也仍無法期待有意義的回答。

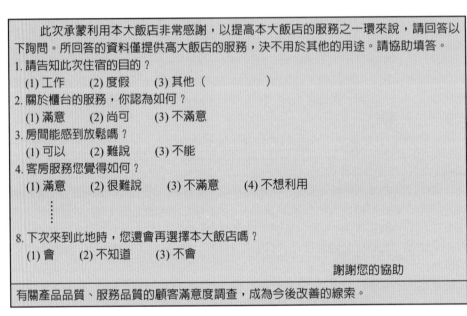

圖 13-4　大飯店的顧客滿意度調查中的詢問例

並且，想以何種程度的精確度獲得資訊呢？充分斟酌後再擬訂計畫是有需要的。如果是籠統的結果，以少數的調查即可解決，想要正確調查時是需要多數的調查。並且，顧客滿意度調查時，設置與全體滿意度有關的詢問項目，以及與各部分有關的詢問項目是很有效的。這是為了調查要讓全體的滿意度提高，應使哪一部分的滿意度提高為宜的一種方式。

Note

13-3 調查符合規格的能力

(一) 合格率

1. 測量對規格的符合性

譬如，從○○克到××克的範圍內，利用產品規格等設定，產出結果應滿足的範圍時，在表現結果的好壞上，經常使用滿足此範圍的比例。此比例是以符合規格的合格率、良品率等的名稱來表現。這些在直覺上非常容易理解，許多情形中經常加以使用。

2. 合格率的活用例

對麵包來說，假定有從 102 克到 108 克之範圍的要求。某個月全部生產麵包 2,000 個，其中落入所設定之範圍共有 1,960 個，由於 1,960÷2,000 = 98%，因之合格率是 98%。並且，其他的月分中，3,000 個中有 2,970 個落入此範圍時，合格率是 99%，知合格率上升 1%。

3. 合格率的活用重點

合格率依數據的多寡，它的精度即有所不同，收集大量的數據時，還算可以，但少量數據時，數值即有變異。譬如，50 個中有 48 個合格時，合格率是 96%，49 個合格時，合格率是 98%，偶爾因 1 個是否合格，結果合格率就有 2% 的改變。

(二) 工程能力指數

1. 評估製造出良品的能力

由於是像重量之類的連續數值，因之評估滿足何種程度的要求，所使用的指標即為工程能力指數。工程能力指數有許多，但這些基本上是利用規格等所要求的範圍與實際的變異大小之比率來表示。

2. 工程能力指數的活用例

在圖 13-5 中，是說明某麵包生產製程中，所得出的工程能力指數的計算例。麵包的重量規格是從 102 g 到 108 g。另一方面，此製程的標準差是 2.07 g，如圖 13-5 所示，此利用規格的範圍與數據出現的範圍之比計算工程能力指數。數據出現的範圍，依據先前所示之常態分配的性質，是以標準差的 6 倍求之。

此指數如比平常 1.33 大時，所要求的範圍因比實際的範圍大而具有寬裕，因之判斷足夠。另一方面，此值如是 0.5 左右時，即判斷不足。

3. 工程能力指數的活用重點

圖 13-5 中所表示的工程能力指數，是只從變異的資訊評估製程。考慮平均是在多少附近的工程能力指數也有，使用哪種型式的工程能力指數才是適切的呢？有需要事先考慮好。

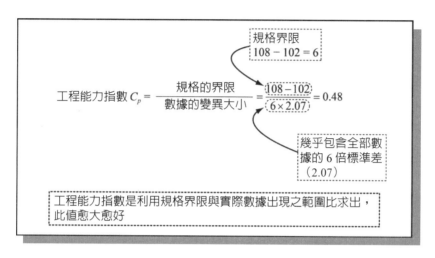

$$工程能力指數 \, C_p = \frac{規格的界限}{數據的變異大小} = \frac{108-102}{6\times2.07} = 0.48$$

規格界限
$108 - 102 = 6$

幾乎包含全部數據的 6 倍標準差（2.07）

工程能力指數是利用規格界限與實際數據出現之範圍比求出，此值愈大愈好

圖 13-5 針對規格的適合與否，以定量方式評估的工程能力指數

工程能力指數分成以下三種：

1. 工程準確度 C_a（Capability of Accuracy）

$$= \frac{實績平均值 - 規格中心值}{（規格公差 / 2）}$$

2. 工程精密度 C_p（Capability of Precision）

$$= \frac{規格上限 - 規格下線}{6 \, 個標準差}$$

3. 綜合工程能力指數 C_{pk}（Process Capability Index）

$$= C_p(1 - C_a)$$

13-4 掌握整體的輪廓

(一) 直方圖

1. 以圖表現數據的出現

　　直方圖是根據重量、長度之類的連續量數據，表現它們是形成何種分配的圖形。圖13-6是麵包的重量數據的直方圖。圖13-6(a) 7月分麵包的重量是從99克到11克的範圍中呈現變異著。橫軸的最初區間是99克以上100克未滿，其次的區間是100克以上101克未滿，以下的區間也順次同樣加以定義，另一方的縱軸是次數。以7月分來說，99克以上100克未滿有3個數據，並且，105克以上106克未滿，出現次數最多，有36個出現在此區間中。作成直方圖時，列舉的問題變得明確，成為解決問題時的甚大線索。

2. 直方圖的活用例

　　在圖13-6(a) 中，7月分因管制不足所以變異甚大，知發生不合規格的情形。另一方面，圖13-6(b) 10月分變異變小，並未發生不符規格的情形。此變異變小的情形，是比較直方圖即可得知。

3. 直方圖活用的重點

　　第一個重點是考察數據被收集的背景。圖13-6的直方圖均形成吊鐘型。吊鐘型的數據分配，通常並無特別異常的處理而是相同的處理時所出現的。因此，從圖13-6來看，7月、10月在各自的月分內，均從事相同的作業，如比較7月與10月時，可以解釋作業的作法已有改變。

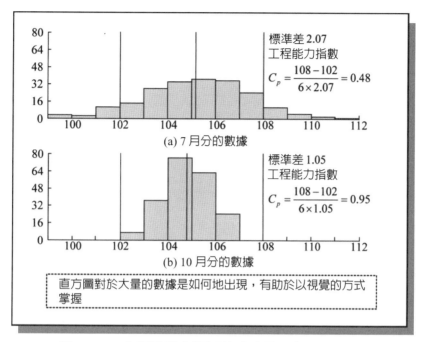

圖 13-6　表現數據之概況的直方圖：麵包重量例

　　對數據來說，除此之外的分配也有許多。圖 13-7(a) 中，數據只出現在某個範圍內。這可想成是在出貨時，針對所有的麵包先進行重量檢查，去除不合規格的麵包後再出貨。

　　又，圖 13-7(b) 是出現幾個偏離的數據。這可以想成幾乎是依照標準進行作業，但有幾個是從事著異常的作業。譬如，對於麵包的烘焙時間，通常是依照標準從事作業，但只有幾天烘焙時間比標準時間短，水蒸氣的蒸發不足而變重等，可以認為是原因所在。

　　另外，圖 13-7(c) 是譬如有兩台烘焙機，此兩者的產出有所不同，母體可以認為是由此兩者所形成。如得出此種直方圖時，要探索母體形成兩個的理由，此乃是改善的法則。

　　第 2 個重點是繪製直方圖時的數據個數，直方圖是大約由 100 個以上的數據來觀察分配概要的手法，並非仔細觀察每一個數據，而是觀察一組數據的手法。少數的數據時，單純的點圖、箱形圖是適切的。

　　第三個重點是取決於直方圖的狀態，有需要改變行動。像圖 13-8(a)，有需要採取對策，使數據的中心與規格的中心一致。另一方面，像圖 13-8(b) 的情形，有需要採取減少變異的對策。由於平均的調整與降低變異的方法不同，因之，在現狀分析階段，有需要掌握直方圖的狀態。

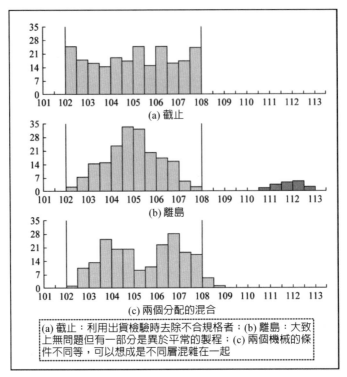

(a) 截止：利用出貨檢驗時去除不合規格者；(b) 離島：大致
上無問題但有一部分是異於平常的製程；(c) 兩個機械的條
件不同等，可以想成是不同層混雜在一起

圖 13-7　各種形狀的直方圖與所認為的原因

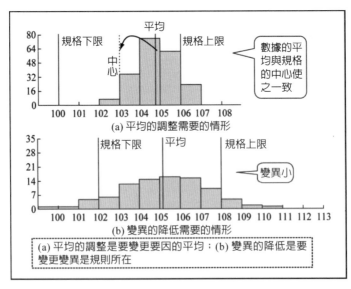

(a) 平均的調整是要變更要因的平均；(b) 變異的降低是要
變更變異是規則所在

圖 13-8　取決於數據的分配狀況應採取措施是有不同的

(二) 箱形圖

1.簡潔地整理少數數據的概要

所謂箱形圖是將數據的中心部分以「箱形」變異的程度以「鬚」表示，以此來調查數據的分配狀況的手法。此手法用於像數據數目在 30 個左右，不像直方圖要收集甚多的數據時是非常有效的。

2.箱形圖的活用例

對大飯店的顧客停留時間，所表示的箱形圖如圖 13-9 所示。此圖顯示變異的狀態是從 30 分到 3 小時。

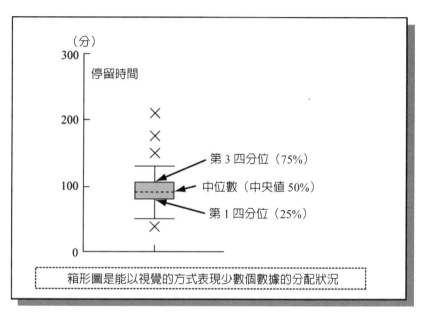

圖 13-9 以視覺的方式表現數據的箱形圖：大飯店的停留時間例

在箱形圖中的箱子是顯示包含有一半數據的中央區間。以此數據來說，從 80 分到 115 分之間包含有中央的數據。並且，「鬚」是表示是否有偏離值的指標。圖中數據被畫出 4 個點，這些均在「鬚」之外，所以看成是偏離值（outlier）。

3.箱形圖的活用要點

第一個重點是以掌握概要作為主體，並非正確調查其位置關係。要正確調查是使用檢定、估計此種統計手法。

第二個重點是數據個數。原理上雖然 5 到 10 個也可製作，但像此種的數據個數時，使用箱形圖反而會被迷惑，因之將這些數據直接描點較具效果。

13-5 時系列的調查

進行改善時，如掌握結果的時系列變動時，在鎖定要因上是很有效的。因之經常使用的是時系列圖、管制圖，如能有效活用這些時，現象即變得容易觀察。

(一) 時系列圖
1.使傾向明確
時系列圖是在橫軸取成時間軸，縱軸取成與對象有關的測量值，探索時系列的傾向。此時系列圖在新聞報紙上頻繁出現，在掌握改善線索時非常有幫助。
2.時系列圖形的活用例
圖 13-10(a) 是某運送公司的運送成本的時系列圖。由此圖知，燃料費成本有上升趨勢。並且，從 2004 年 11 月起，呈現急速上升。

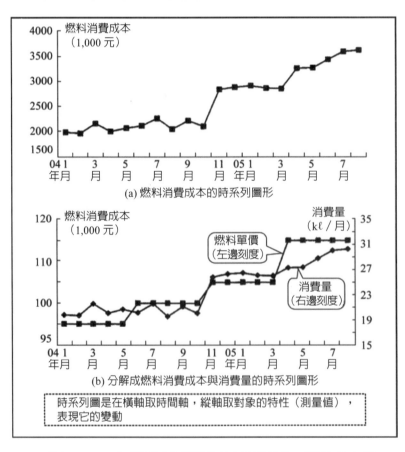

(a) 燃料消費成本的時系列圖形

(b) 分解成燃料消費成本與消費量的時系列圖形

時系列圖是在橫軸取時間軸，縱軸取對象的特性（測量值），表現它的變動

圖 13-10　評估時系列變動的時系列圖：輸送成本例

　　爲了尋找此原因，「燃料費成本」是「燃料單價」×「燃料消費量」，因之分解成各自的時系列圖。此結果如圖 13-10(b) 所示。在此圖中，分別呈現「燃料單價」與「燃料消費量」。此圖顯示先前的急速上升是因「燃料單價」的上升與「燃料消費量」的上升兩者所引起的。

(二) 管制圖

1. 判斷製程的安定

　　管制圖（control chart）是加上「管制界限」的時系列圖。在管制界限之中，如點的排列無習性時，即判斷製程是安定的。平常的數據，因誤差而出現變異，管制界限是考慮此事。換言之，以統計的方式求出因誤差引起的變異，因之點溢出界外時，即判斷製程發生了什麼事。

2. 管制圖的活用例

　　圖 13-11 是針對晶片製程的數據，顯示對規格而言其不良率的管制圖。由此似乎可以看出 7 月 25 日的不良率最高。判斷此日有異常可以嗎？或者判斷偶然出現如此可以嗎？對於此點來說，如圖 13-11 那樣，在時系圖加上管制界限後的管制圖，即可做到能正確地判斷。

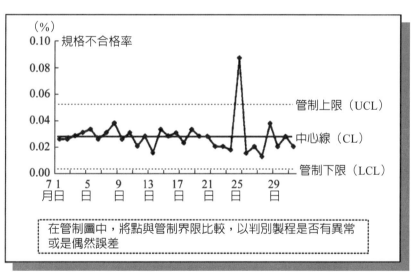

圖 13-11　電鍍工程中規格不良率的管制圖例

　　像圖 13-11 那樣，點出現在管制界限之外時，判斷製程有異常，不良率有了改變。另一方面，所有的點均無習性且描點在管制界限之間時，即判斷製程並無改變，偶然點呈現上下變動。

3.管制圖活用的要點

管制圖在判定的是製程是否安定，並非表示是否處於理想水準，此點是有需要記住的。譬如，不良率是 30% 的不佳水準也是安定的狀態。

因此，是否安定與現狀是否理想的水準，有需要分別在此兩個側面上討論。在討論現狀的水準上，工程能力指數是有幫助的。

管制圖是由貝爾實驗室的休瓦特（Walter A. Shewhart）在 1920 年間發明。

修瓦特博士創造了管制圖的基礎和統計學管制狀態的概念，還能單純數學統計學理論中，了解實際流程產生的數據一般是呈現「常態分配曲線」，他發現透過觀察生產數據的變量，不會永遠和自然的數據有類似特性。修互特得出結論，每個流程都有變量，流程中有些變量可以控制，屬於流程自然的現象，其他變量都不可控制，但不一定出現在流程因果系統中。

第14章
要因探索

14-1 要因探索的目的

1.「要因探索」是作什麼

在「要因探索」的步驟中，是考察結果是如何地接近應有姿態。亦即，基於現狀分析的結果，或是探索使結果變得理想的要因，或是建構新系統。

現狀中如出現慢性的不良時，因為是現狀的作法不好，所以著眼於平日的作法並探索要因。另一方面，如果只有特定日才發生不良時，將此等日與平常日相比較，調查何處有異，鎖定不良的要因。以尋找犯人作為比喻時，「現狀的分析」是徹底地調查現場所殘存的遺留物或目擊者的證詞，相對地「要因的探索」是從這些資訊去縮小嫌疑犯的階段。

「要因的探索」是依據現狀分析的結果，利用對象的知識，透過邏輯的思考以縮減要因。此時，如能有效活用結果與要因的數據時，即可建立有關要因的假設。

2.為了大幅改善

以大幅改善為目標時，在要因探索之前新系統的建構也要列入視野中。譬如，從臺北總公司到臺中分公司如利用台鐵線、客運巴士等要花 2 小時 10 分時，如果必須在 1 小時內到達時，應如何搭乘才好呢？是利用高鐵線前往呢？或是從松山機場到清泉崗機場，以飛機來節省時間呢？或是利用直升機或自用飛機呢？為了大幅的改善，像這樣放寬幾個前提條件擴充視野，有需要考量以不同的系統來達成目的，本步驟是以更廣的視野來思考結果，是要以何種的要素來決定，並列舉出系統的創意。

3.工具的整體輪廓

本步驟是使用可以探索結果與要因之關係的手法。此處所敘述的手法像「散布圖」、「相關分析」、「分割表」是以定量解析「結果」與「要因」的手法。另外，像「特性要因圖」、「系統圖法」是定性的解析方法。

在考慮新系統的建構時，要建構何種的系統才好呢？列舉系統方案是需要的。此系統方案基本上是根據應用範疇的技術來列舉，但以輔助此方案的方法來說，「腦力激盪法」與「查檢表法」是有幫助的。

Note

14-2 定性地表現結果與要因

要使結果理想，有需要正確掌握結果與原因之關係。本節要介紹的「特性要因圖」與「系統圖」，在此定性的掌握上是有幫助的工具。在使用本章的 14-4 擬介紹的定量性工具之前的階段中，先使用以下的定性工具爲宜。

(一) 特性要因圖
1.將結果與要因的關係以構造的方式表現
特性要因圖是針對認爲對結果有影響的要因，考慮要因的階層構造所表現的圖。此圖是石川馨博士冀求解決問題、知識共有化所開發出來的，也稱爲石川圖或魚骨圖。
2.特性要因圖的活用例
圖 4-1 是將影響鍍金膜厚的要因所整理而成的特性要因圖。譬如，像前處理或電鍍槽的濃度等，影響電鍍膜厚的要因有無數之多。特性要因圖是以階層構造的方式表現要因。譬如，在圖 4-1 中，像電鍍的前處理、鍍金前先打底的鍍銅、鍍鎳、電鍍漕的電渡液、電鍍後的洗淨或乾燥之類，依照電鍍流程，整理各自的要因。
3.特性要因圖的活用要點
在活用特性要因圖時，以有利於構造的展現方式整理要因是重點所在。因之「依照流程列舉要因」是可行的方式。雖然有的書建議按 Man（人）、Machine（機械）、Material（材料）、Method（方法）的 4M 法來整理是可以的，但要更仔細地找出要因時，或採取對策時，可以回到製程，因之如圖 4-1，首先按製程別整理要因之後，再著眼於 4M 來整理要因或許是較好的作法。

在列舉要因方面，首先要使製程明確，在製程明確之後，利用腦力激盪法列舉創意，如親和圖那樣根據創意的類似性，以構造的方式整理是最好的。

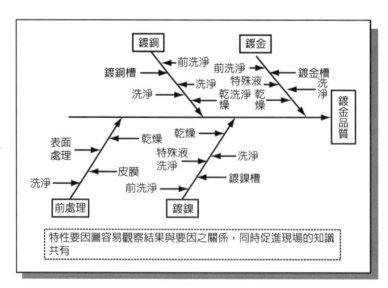

圖 14-1　整理結果與其要因的特性要因圖：電鍍工程例

(二) 系統圖

1.以視覺的方式掌握連鎖的關係

　　所謂系統圖是以視覺的方式表現「結果與要因」或「目的與手段」的連鎖關係，掌握問題的構造，有助於對策的研擬。為了以國際性的業務為目標而去學習英語，為了學習英語而去留學，為了留學而安排時間，是目的與手段的連鎖例。像這樣，目的與手段或結果與要因形成連鎖的構造時，為了容易觀察而予以整理的是系統圖。

2.系統圖的活用例

　　為了企劃留學計畫以實現有成效的學習英語，將學習英語當作第一次目的，再將它按第一次手段、第二次手段、第三次手段依序展開者即為圖14-2。在此圖中，顯示要提高英語能力，提高理解力是需要的，在提高理解力方面有文法理解力等，這些均與教育計畫、學校環境等有關聯。由於將提高英語能力以構造式、體系式呈現，因之即變得容易掌握目的與手段之構造。

　　一般來說，目的與手段經常混淆，目的或手段的階層不一致的情形是很常有的事。此時，系統圖是有效的。

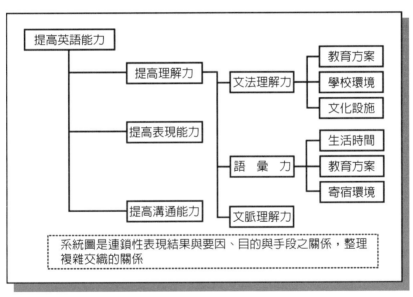

圖 14-2　表現結果與要因，目的與手段的系統圖

14-3 列舉要因或系統的創意

(一) 腦力激盪法
總之先列舉大量的創意
所謂腦力激盪法是發想新創意的一種方法，可用於探索顧客的需求或期望。此方法的基本想法是：
- 若有許多的創意時，其中總會有好的創意。
- 如不批評時，就會出現許多的創意。

因此，設立共同的規則，建立能容易出現新創意的環境，誕生出大量的創意，從中選出令人驚豔的創意。

以共同的規則來說，可以舉出「不批評他人的創意」。許多人被批評時，就會退縮，因而提不出其他的創意。並且，也鼓勵創意的「借力使力」，從其他的創意產生出新的創意。腦力激盪法的4個原則：
- 原則1：嚴禁批判。不批判他人發言，才能讓所有成員自由發想。
- 原則2：自由發想。使成員無拘束地暢所欲言，在輕鬆的氣氛下，愉悅流暢地思考。
- 原則3：量重於質。用撒網捕魚的方式，先進行圍繞主題的發想，以徵求大量點子。
- 原則4：結合改善。以彼此的發想為基礎，不斷激盪出更好的新點子，甚至允許團隊中出現與他人相似的發想。

(二) 腦力激盪法的活用例
就顧客對大飯店的要求來說，從業員數名以腦力激盪法提出了創意，將其結果表示在表14-1中。在此過程中儘管有「不悅的顧客」、「排隊太長而似乎感到不滿」之類的類似者，也仍依據剛才的兩個原則持續提出創意。像這樣所產生出來的創意，以先前所說明過的親和圖等來歸納，以構造的方式加以整理時，就變得容易理解。

(三) 腦力激盪法活用要點
要有效進行腦力激盪法，不僅要遵守先前的嚴禁批評、借力使力的基本原則，也有需要針對發想給與有效的刺激。在探索顧客的要求時，考察顧客的行為，從顧客的眼光反映出來的姿態作為刺激，可產生出各種的創意。

另一方面，提出系統的方案時，較為邏輯式的發想是有所要求的。因此，寫出系統的前提條件，將它們當作刺激來使用也是一種方法。另外，發明腦力激盪法的歐斯本（Osban）所提示的「歐斯本的查檢表」可成為參考。此查檢表中準備有關「轉用」、「應用」、「變更」、「擴大」等幾個關鍵字，將它們當作刺激來使用時，提出好創意的機率可大為提高。

表 14-1　利用腦力激盪法對大飯店列舉不滿的結果

費用高	說明雜亂	電梯吵
經常混亂	網路訊號差	澡堂小
櫃台的應對差	客房吵	洗臉台髒
客房的服務慢	不方便	廁所不易使用
骯髒	能使用的卡少	洗髮精品質差
有不易理解的場所	電話不通	無吹風機
櫃台不親切	客房服務差	房間暗
客房髒	旅客中心不方便	氣氛差
冷氣太冷	餐廳不親切	早餐差
大廳的氣氛差	會計慢	吧檯差
電梯不方便	大廳不適合等候	房間到電梯遠
房間有味道	解說太快	緊急出口不清
⋮	電話中的聲音聽不清楚	地域的知識不足
	⋮	計程車無法停在門口
		⋮
基於創意多多益善的想法，列舉出許多的創意		

　　腦力激盪法（Brain storming）又稱為頭腦風暴法，是一種為激發創造力、強化思考力而設計的一種方法。此法是美國 BBDO（Batten, Bcroton, Durstine and Osborn）廣告公司創始人亞歷克斯・歐斯本於 1938 年首創的。

14-4 以定量的方式考察要因

像是散布圖、相關分析、分割表在定量性評估要因對結果之影響上是很有幫助的。(1) 散布圖，(2) 相關分析在表現像身高、體重之類的量數據上可以使用，另一方面，(3) 分割表在「符合、不符合」等個數的數據上可以使用。

(一) 散布圖

1.以視覺的方式表現關係

散布圖是將像身高、體重等成對的數據描點，以探索數據概要的圖形。對於結果與其要因的數據來說，將結果取成縱軸，原因取成橫軸，描出所有的點。

2.散布圖的活用例

有關大飯店的滿意度調查，將其散布圖表示在圖 14-3 中，在此圖中，橫軸是客房的滿意度，縱軸是大飯店整體的滿意度，分別以普通 5 分，滿分 10 分，讓顧客回答住宿情形。亦即，每一點是對應一次的住宿。由此圖知客房的滿意度高的顧客，對大飯店整體的滿意度也高，另一方面，客房的滿意度低的顧客，整體的滿意度也低，而有此傾向。此大飯店引進了能讓客房的滿意度提高，而且也能讓全體滿意度提高的對策。

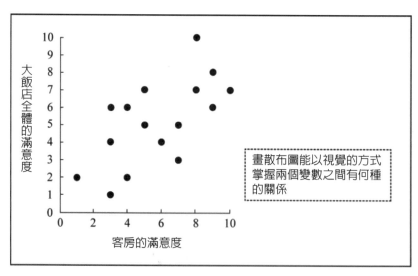

圖 14-3　探討客房的滿意度與大飯店的滿意度的散布圖

3. 散布圖活用的要點

第一個重點是有需要注意因果關係的存在。針對 20 歲到 50 歲的薪水階級來說，以「五十米賽跑的秒數」與「年收入」作出散布圖。於是如圖 14-4 出現一方大另一方也大，以及一方小另一方也小的關係。

可是，此關係並非表現「結果與要因」的因果關係。年齡愈大，五十米賽跑就愈花時間，以及基於年資系列制年齡愈大，年收入也增加，如此的想法是極爲自然的，如本例，在散布圖中出現的關係，不一定是「因果關係」，只是「相關關係」而已。

第二個重點是縱軸、橫軸的尺度取法。圖 14-4 是說明以相同的數據改變尺度的取法後表示的兩張散布圖。許多人看了這些散布圖時，認爲 (a) 的關聯性強，(b) 的關聯性弱。像這樣，人的目光是相當主觀的，不適於精密的討論。

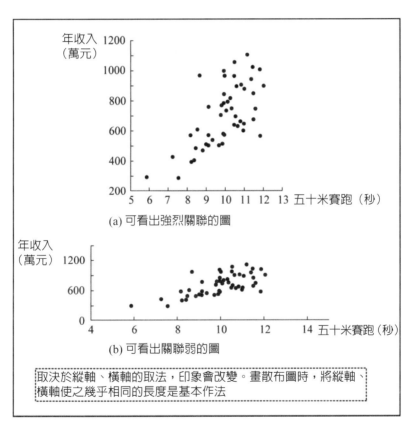

圖 14-4　縱軸、橫軸的取法不同看法的印象即改變的例子

(二) 相關分析

1.從量資料定量地求出關係

繼之「平均」與「標準差」之後，如果能有此說明就會很方便的統計量有「相關係數」。這是整理兩個變數的數據。相關係數是表現一方如果變大，另一方是否變大，或者是否變小的統計量。此值是在 -1 與 +1 之間，所有的點如果落在向右上升的直線上時，相關係數即為 +1，如果落在向右下降時，相關係數即為 -1，如看不出關聯時幾乎是 0。

2.相關分析的活用要點

相關分析與散布圖有需要「成對（paired）」使用。如先前的散布圖所示，人的目光是主觀的，為了將它定量性地表現，相關係數是需要的。另一方面，是否只要有相關係數就行呢？也不盡然。代表的例子就是「Anscombe 的數據」。此數據表示在表 14-2 中，如此表所示，在四個數據組中，X、Y 的平均、標準差、相關係數是相同的。其次，針對此數據所製作的散布圖，如圖 14-5 所示。數據 1 到數據 4 的分配狀況是不同的。

表 14-2　Anscombe 的數據

No	Data 1		Data 2		Data 3		Data 4	
	x	y	x	y	x	y	x	y
1	10.00	8.04	10.00	9.14	10.00	7.46	8.00	6.58
2	8.00	6.95	8.00	8.14	8.00	6.77	8.00	5.76
3	13.00	7.58	13.00	8.74	13.00	12.74	8.00	7.71
4	9.00	8.81	9.00	8.77	9.00	7.11	8.00	8.84
5	11.00	8.33	11.00	9.26	11.00	7.81	8.00	8.47
6	14.00	9.96	14.00	8.10	14.00	8.84	8.00	7.04
7	6.00	7.24	6.00	6.13	6.00	6.08	8.00	5.25
8	4.00	4.26	4.00	3.10	4.00	5.39	8.00	5.56
9	12.00	10.84	12.00	9.13	12.00	8.15	8.00	7.91
10	7.00	4.82	7.00	7.26	7.00	6.42	8.00	6.89
11	5.00	5.68	5.00	4.74	5.00	5.73	19.00	12.50
平均	9.00	7.50	9.00	7.50	9.00	7.50	9.00	7.50
標準差	3.32	2.03	3.32	2.03	3.32	2.03	3.32	2.03
相關係數	0.82		0.82		0.82		0.82	

出處：Anscombe, F.J., (1971), Graphs in statistical analysis, American Statistical Association, 27, 17-21.
從 Data 1 到 Data 4，可以判斷 x, y 的平均、標準差、相關係數

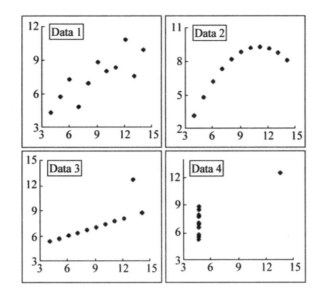

平均、標準差、相關係數雖然相同，但散布狀況完全不同，數據的視覺化是需要的

圖 14-5　Anscombe 的數據的散布圖

　　要排除人類的目光的主觀性，統計量（statistic）是需要的。另一方面，要確認全體的分配狀況，利用圖形將數據視覺化是需要的。像這樣，相互發揮所長的狀況是不同的，因之，將散布圖等的圖形與相關係數等的統計量成對使用是有需要的。

(三) 分割表

1.從符合數等的數據整理關聯
　　像合格／不合格或者機械 1／機械 2 之類，在表現符合之有無的變數中，想觀察關係時，分割表是很方便的。散布圖是解析兩個計量值的關係，相對地，分割表是解析符合數等計數值的關係。

2.分割表的活用例
　　為了企劃短期留學計畫，向考慮一個月左右的短期留學的 200 名學生實施問卷調查。在其中的詢問中，有兩個詢問，一個是目的地即「郊外」與「都市」的何者好呢？另一個是以「語言學習為中心」或是「語言學習之餘另加上文化交流」好呢？將此結果整理成分割表，即如表 14-3 所示。

　　在此表中，希望「郊外」的人與希望「都市」的人約占半數。並且，「語言中心」或「語言與文化的交流」也近乎半數。但是，如觀察兩個組合時，希望郊外的人幾乎是希望語言中心，希望都市的人幾乎是希望語言與文化的交流。此種出現方向的傾

向，利用分割表即可表現。

定量地檢討散布圖的手段是相關分析，同樣定量性地評估分割表的方法也有，代表性的方法即為卡方統計量。這是針對表 14-3 的組合，評估出現的方式是否一致。

表 14-3　表示質變數之關聯的分割表：留學方案的希望例

		計畫目的		計
		語言中心	語言與文化之交流	
場所	郊外	85	10	95
	都市	12	93	105
計		97	103	200

「語言中心」的人喜歡「郊外」的留學，以「語言與文化之交流為目的」的人喜歡「都市」的留學，有此種傾向

分割表英文稱為 contingency table，是指 2 個以上的項目將次數加以分類的表，也稱為列聯表或交叉表（cross table）。儲存格內的數字是項目的次數，是計數值而非計量值。

Note

14-5 更正確地表現結果與要因的關係

本節要介紹的方法，是將結果與要因之關係或結果的傾向等，以更周密地、定量性地加以表現。正確的說明請參閱其他書籍，本書就其概要與機能等加以說明。

(一) 迴歸分析

1.調查兩個變數之關係

所謂迴歸分析是根據已收集的數據，調查兩個變數之關係的方法。概略地說，是在散布圖上適配直線的方法。

2.迴歸分析的活用例

某居酒屋以提供鮮度佳的生啤酒為目的，想預測大概可以賣多少杯的啤酒，然後依據它訂購生啤酒，圖 14-6 是說明預測生啤酒銷售量所使用的數據。生啤酒的銷售，受氣溫而有甚大的影響。因此，將一日中的最高氣溫與銷售量的數據，利用迴歸分析來解析，設定了如圖所示的預測式。此預測式顯示出氣溫每上升 1℃時，生啤酒的銷售增加 35 杯的關係。

此居酒屋調查了早上氣象預報時，該日的預估最高氣溫，使用此資訊與迴歸分析的結果，決定了生啤酒的訂購量。與過去的經驗式作法相比，可以避免過度的庫存或啤酒的不足，可以提供鮮度佳的啤酒。

3.迴歸分析的活用要點

迴歸分析的結果，只在數據被收集的範圍內才是有效的。在先前的例子裡，如以表面觀察迴歸式時，氣溫在 -200℃時，銷售才會是負的。可是，此種考察是沒有意義的，此數據是在夏季時所收集，像 -200℃的數據當然不包含在內。如想預測冬季時，有需要收集冬季的數據，再對它解析。

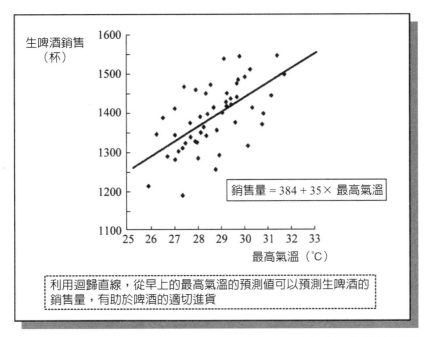

圖 14-6　利用要因預測結果的迴歸分析：預測生啤酒的銷售量例

(二) 多變量分析

1. 取決於目的而解析大量的數據

　　所謂多變量分析，是解析大量所收集的數據所使用之方法的集大成。前述的迴歸分析，也是多變量分析的一種方法。以下的說明例中的主成分分析，是將大量的連續量的數據予以分類。已提出許多多變量分析的手法，適切地洞察自己手上的問題，選取所需要的手法。

2. 多變量分析的活用例

　　某大飯店針對工作的容易性、網路的連結等多數的項目，以大約 100 名為對象，實施預備性的顧客滿意度調查。這些項目包含有意義相類似的項目，解析的目的是根據類似性將這些項目分類。應用主成分分析，將項目分類之一部分結果，如圖 14-7 所示。這是主成分分析中經常使用的因子負荷量的散布圖。利用主成分分析，如此圖那樣，即可得知類似性。因此，在正式調查的階段，分別從各個組中列舉一個項目，縮減詢問項目再實施調查。

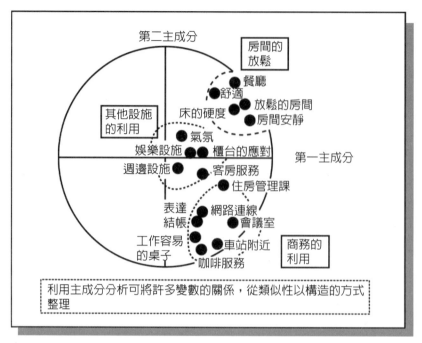

圖 14-7　整理許多變數的類似性的主成分分析：對大飯店探索要求的例子

主成分分析即為新 QC 七工具中的矩陣資料解析法，利用它可以將許多變數的關係以構造的方式加以整理。

第15章
對策研擬

15-1 對策研擬

1.「對策研擬」的目的是什麼？

「對策研擬」此步驟是研擬使結果接近應有姿態的對策。取決於現狀與應有姿態之間的差距如何，對策的採取方式就有所改變。以典型的對策來說，有變更要因的水準，或控制要因的變異等。

考慮將結果的變異變小。對此來說，即探尋對結果會造成甚大影響的要因，如圖 15-1(a) 所示，再控制此要因的變異，對結果造成甚大影響的要因與結果的關係通常是有相關的。因此，將要因的變異從實線變小成點線時，結果的變異也就從實線變成點線。

如同電鍍膜厚整體使之增厚那樣，將結果調整成某一定水準時，對結果造成甚大影響的要因，其平均如圖 15-1(b) 所示，即從現狀發生改變。

2.為了要大幅改善

此步驟是針對系統的創意，從綜合的觀點進行評價。此時，有需要避免因一部分偏頗的意見影響評價。像會議等，聲音大的人的意見有無積極地被採用呢？建構新系統時，由於是任何人未曾經驗過的領域，不僅對聲音大的人的意見，也要引進許多人的意見，冷靜地判斷是有需要的。亦即，從系統的有效性、實現可能性、成本等種種的立場，綜合地而且合乎邏輯地進行評價。

並且，這些系統的詳細情形，要在下面「效果的驗證」的步驟中決定。在系統選擇的階段中，如有足夠的時間可對系統進行詳細檢討時，那麼在詳細檢討之後再選擇為宜。像考慮「引進新電鍍裝置」、「引進 IT 機器來降低成本」等情形，實際上要檢討的事項太多，在選擇系統的階段，如果連細節都列入考慮時，騰不開手也是司空見慣的。因此，到了某個層次已確定的階段再去選擇系統。

對於從臺北總公司到臺中分公司的前往方式來說，將選擇系統的概要表示在圖 15-2 中。此移動方式可以考慮飛機、巴士、高鐵線、直升機等的交通手段。系統的創意像這樣列舉之後，再從時間、風險、成本、便利性進行評價。

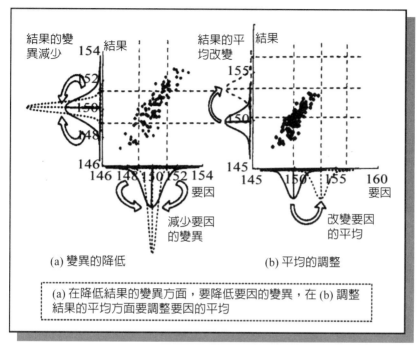

圖 15-1　變異降低、調整平均的法則

3.工具的整體輪廓

對策的研擬，為了使結果能如預期，因而引進新的作法，因之實驗是有效的，對此來說「實驗計畫法」是有幫助的。並且，在此步驟中，從幾個系統方案之中選擇系統的此種過程也有，對此而言「AHP」或「比重評價法」等是有幫助的。此外，設計並引進新系統時，調查顧客心聲的企劃部門與實現產品、服務的設計部門之間，確實地搭起橋梁是有需要的。以此工具而言，有所謂的「品質機能展開法」。

15-2 評估系統的方案(1)

(一) 比重評價

1.依據重要度決定綜合評價

「比重評價」是針對數個方案，按數個評價項目設定比重再進行綜合評價。為了降低事務處理工數，有考慮將某製程全部 IT 化之方案，以及將一部分 IT 化之方案。前者的期待效果大但引進甚花時間。另一方面，後者的情形剛好相反。要選擇何者，取決於期待效果與引進的時間何者重要而決定，比重評價法是利用較為定量的方式來實施像這樣的評價。

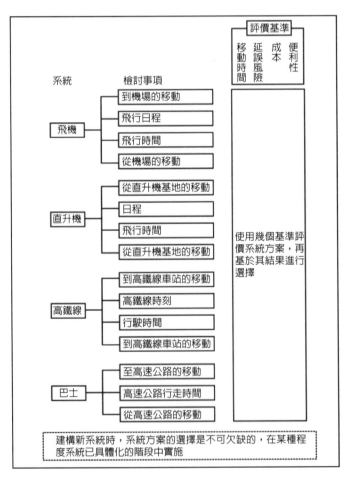

圖 15-2　系統方案的選擇

2.比重評價的活用例

對於到臺中分公司的移動，比重評價的結果如表15-1所示。以系統的評價項目來說，列舉了「移動時間」、「延誤風險（延誤的可能性）」、「成本」、「便利性」。並且，對此情形來說，延誤風險的重要度最高，其次是移動時間，另一方面，成本、便利性的重要度則較低。評價的結果，採用直升機。

表 15-1　利用數個評價項目的比重評價：移動手段的例子

重要度 移動 手段	評價 項目	B 4 移動時間	A 5 延誤風險	C 1 成本	C 1 便利性	總合評價
飛機		5	3	3	1	39
直升機		5	4	1	3	44
高鐵		3	5	3	3	43
汽車		1	1	5	5	19

直升機的綜合評價最高

直升機綜合評價的計算例
$(5 \times 4) + (4 \times 5) + (1 \times 1) + (3 \times 1) = 44$

在數個評價項目上設定重要度的比重，考慮比重再評估對象

3.比重評價的活用要點

第一個重點是確保客觀性。此作法的優點是容易理解，相反地卻流於主觀有此缺點。譬如，計算比重和時，雖然是單純的加法，但這為何不是乘算呢？如追究下去時，不管如何結果也會改變的。要完全地排除主觀性，實際上是不可能的。因此，事前先決定決策的步驟，接著實際計算再作決策，儘可能地使主觀不要介入。

第二個重點是評價項目的選定，以評價項目來說，可列舉出期待效果、實現可能性、成本等。如加入實現可能性時，正確的創意評價即變高，但嶄新的創意評價即變低而有不被選擇的傾向。當從最初追逐夢想時，將實現可能性的項目的比重降低，或許是可行的。

15-3 評估系統的方案(2)

(二)AHP

1.設定評價的構造再檢討

　　AHP（Analytic Hierachy Process）是設定評價的構造，基於它綜合地評估對象的好壞。AHP是階層化決策法的意思。在圖15-3中說明單身生活選定公寓的例子。選擇公寓時，考慮隔間、房租、離車站的距離。從幾個備選方案中選擇最合理的方案，即為AHP的目的。

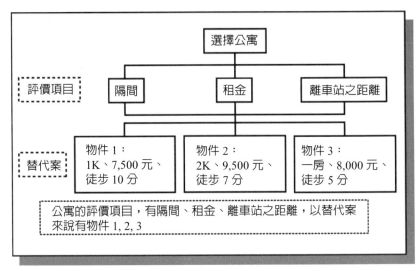

圖15-3　整理單身生活選擇公寓的構造階層圖

2.AHP的活用例

　　AHP是首先要決定評價項目的比重。此時，並非比較全部，而是成對比較。在圖15-3的例子中，隔間與房租中何者較為重要？重要到何種程度？以如此的一對項目來評價。接著，就所有的項目配對進行評價。

　　其次，從隔間來看時，評價物件1與物件2的何者較好。接著，從隔間來看，物件1與物件3的何者較好。同樣，就所有組合進行評價。並且，對其他的評價基準也同樣進行，最後再綜合這些結果。此選擇公寓的例子如表15-2所示。從表15-2可以判斷物件1是最佳的選擇。

3. AHP的活用要點

　　成對數如增加時，評估即變得費事。儘管費事，如評估所有配對時，即使各配對的評估略為粗略，最終如統合時仍可接近眞實的評估。此外，可否畫出妥當的階層圖也是重點所在。

表 15-2　考慮評價項目之構造的選擇方法 AHP

「房租」與「隔間」相比略為重要，
因之評價值是 2

(a) 評價項目的重要度評價

	評價項目	隔間	房租	離車站之距離	幾何平均	重要度
A	隔間	1	0.5	2	1.00	0.29
	房租	2	1	4	2.00	0.57
	離車站之距離	0.5	0.25	1	0.50	0.14

(b) 依據評價項目（隔間）評價替代案

隔間	物件 1	物件 2	物件 3	幾何平均	評價值
物件 1	1	0.25	0.5	0.50	0.14
物件 2	4	1	2	2.00	0.57
物件 3	2	0.5	1	1.00	0.29

(c) 綜合評價

　　物件 1 的綜合評價 ＝「隔間」的重要度 × 隔間對物件 1 的評價值
　　　　　　　　　　　　＋「房租」的重要度 × 房租對物件 1 的評價值
　　　　　　　　　　　　＋「距離」的重要度 × 距離對物件 1 的評價值 ＝ 0.39
　　物件 3 的綜合評價 ＝「隔間」的重要度 × 隔間對物件 3 的評價值
　　　　　　　　　　　　＋「房租」的重要度 × 房租對物件 3 的評價值
　　　　　　　　　　　　＋「距離」的重要度 × 距離對物件 3 的評價值 ＝ 0.33

A 與 B 相比，重要多少（好多少）

A 與 B 相比，相當重要（好）	4
A 與 B 相比，略為重要（好）	2
A 與 B 相比，一樣重要	1
A 與 B 相比，略為不重要（差）	1/2 = 0.5
A 與 B 相比，完全不重要（差）	1/4 = 0.25

AHP 是 (a) 評估評價項目的重要度，(b) 基於評價項目評估替代案，(c) 最後綜合評估這些替代案。

15-4 利用實驗來考察

(一) 實驗計畫法

1.有計畫地收集數據進行調查

實驗計畫法是針對對象有計畫地收集數據，將它以統計的方式解析，有效果地探索最適條件的方法。整理實驗計畫法的內容如表 15-3 所示，從基本手法的要因計畫（多元配置法）等，到提高實驗效率的部分實施計畫，以及列舉連續性因子的應答曲面法等有各種的方法。

如能理解實驗計畫法以及統計的手法時，可提高改善與研究開發等的效率。那是因為在某個階段有需要以數據確認事實，而對此來說實驗計畫法的應用是頗具效果的緣故。

2.實驗計畫法的活用例

以企劃部門應用實驗計畫法爲例，有應用聯合分析（Conjoint Analysis）者。針對留學計畫，就期間、場所、目的、目的地、時期分別有兩種備選。將此等組合時共有 $2\times2\times2\times2\times2 = 32$，評估所有的 32 個是沒效率的。

因此，應用稱爲直交表的技巧，降低此實驗次數。具體言之，如表 15-4 所示只讓顧客評價 8 次。此回答者取決於目的是「充分學習語言」或「語言與文化的交流」，評價之差異很大，前者與後者相比，綜合的評價在 10 分的滿分下提高 2.75 分。並且「8 週」中喜愛「夏」天，「場所」、「目的地」不具影響，像這樣，以少數的實驗即可調查嗜好。

表 15-3 利用實驗有系統進行考察的實驗計畫法

方法	內容
要因計畫（多元配置）	是實驗計畫法的基礎，針對所想之條件的所有組合進行實驗
部分實施計畫	並非所有條件的組合，利用實施一部分的直交表等，得出部分實施的計畫
集區計畫	實驗的場所不易管理，不一致時爲了克服它，引進集區因子進行實驗
分割實驗	像條件的變更有困難的因子或前工程採大量的批處理時，有效率地進行實驗
應答曲面法	像溼度、長度、重量等，以連續量的因子爲對象，有效率地得出最適條件
田口方法	針對使用條件的變動等，求出穩健（Robust）的設計條件
最適計畫	依據統計模式，有效率地規劃實驗，求出最經濟的條件

如活用實驗計畫法時，可飛躍性提高改善或研究開發的效率

表 15-4　利用實驗計畫法的有效行銷：探索留學計畫的聯合分析

No	期間	場所	目的	住宿	時期	回答者 A 的評價
1	6 週間	都心	充實語言	留學生宿舍	春	4
2	6 週間	都心	充實語言	寄宿	夏	6
3	6 週間	郊外	語言＋文化	留學生宿舍	春	2
4	6 週間	郊外	語言＋文化	寄宿	夏	2
5	6 週間	都心	語言＋文化	留學生宿舍	夏	3
6	6 週間	都心	語言＋文化	寄宿	春	3
7	6 週間	郊外	充實語言	留學生宿舍	夏	6
8	6 週間	郊外	充實語言	寄宿	春	5

$$評價 = 4.5 + \begin{cases} 0.00 \ (6\ 週間) \\ 0.75 \ \boxed{8\ 週間} \end{cases} + \begin{cases} 0.00 \ \boxed{充實語言} \\ -2.75 \ (語言＋文化) \end{cases} + \begin{cases} 0.00 \ 春 \\ 0.75 \ \boxed{夏} \end{cases}$$

利用聯合分析的解析結果，知 A 先生喜歡充實語言，長期間，夏季學習

3.實驗計畫法的活用要點

第一個要點是列舉的條件的事前調查。在剛才的例子中，透過事前的檢討，查明了期間、場所等是很重要的，乃依據它進行實驗。像這樣周密地討論之後，有需要調查實驗的條件。

第二個要點是選定適切的實驗計畫法，正確地洞察實際的問題，使用被認為是適切的方法。譬如，如果是簡單的問題就選用簡單的手法，如果是複雜的問題就有需要應用高度的手法。

(二) 田口方法

1.探索經得起使用環境變動等的條件

所謂田口方法是積極地設想顧客使用的條件等，將它積極地引進實驗中，求出較為穩健條件的方法。田口方法是已故田口玄一博士所想出的方法，因之如此稱呼。

2.田口方法的活用例

製造蛋糕粉的 A 公司，想探索對顧客來說最好的蛋糕粉。從 A 公司的設計承擔者的立場來看，有需要決定像小麥粉的比例、砂糖的比例等各種的比例，使顧客覺得喜歡的硬度、味道。

為了不使之太軟或太硬而有一定的硬度，有需要決定小麥粉與砂糖等的配方比例，此時烤蛋糕的烤箱溫度也需要考慮。家庭用的烤箱依各家庭而有不同，因之對於

燒烤蛋糕的溫度無法指定嚴密之值。

此時，不管是何種的烤箱，找出能在一定的硬度下燒烤的配方是很重要的。亦即如圖15-4不是像配方1與配方3那樣受到烤箱的溫度而有過敏的反應，而是找出如配方2對烤箱的溫度有穩健的條件。

3.田口方法活用的要點

田口方法在設計、研究開發階段等的上游階段，以及數據能量收集時是很有效的。亦即，由於在許多的條件下收集許多數據探索最適條件，因之在可以比較大膽地變更條件的上游階段是頗具效果的。

並且，在考慮穩健性方面，有需要事前檢討對什麼考慮穩健性。

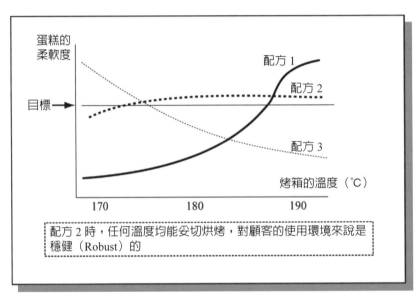

圖15-4 針對環境條件的穩健設計的想法：不管何種烤箱均能順利烤蛋糕的例子

Note

15-5 在企劃、設計過程之間搭起橋梁

(一) 品質機能展開

1.連結顧客的心聲與技術規格

所謂品質機能展開（Quality Function Deployment, QFD）是將顧客的要求以階層的方式整理，有系統地變換成產品、服務的規格，在企劃、設計過程之間搭起橋梁的方法。在大幅度的改善方面，由於有許多新系統的重新設計，因之品質機能展開是有幫助的。

2.品質機能展開的活用例

以短期留學計畫為例，其品質機能展開如圖 15-5 所示。此圖的縱軸是展開顧客的要求。通常顧客的要求是模糊不清的。因此，儘可能地網羅顧客的要求，然後有需要考慮階層進行整理，實踐此事的是圖中的縱軸。像這樣，將顧客的要求按一次、二次、三次地仔細去展開。

另一方面，此圖的橫軸是決定產品、服務的規格。換言之，是設計者可以指定的設計參數。留學期間、留學場所，是提供服務的一方可以決定的。如果是產品時，尺度、材質等即相當於此。

中央部分是表示對服務的要求與服務的品質特性的關係，其中的○或◎是表示要求與規格的對應有密切的關係。譬如，留學的價格高低，與留學期間最有對應關係，其次與場所也有關係。

3.品質機能展開的活用要點

在產品企劃階段，要掌握圖的縱軸方向即顧客要求的構造。另一方面，在設計階段則要滿足此要求，利用中央部分的對應關係，決定產品服務的規格。像這樣，品質機能展開是與企劃階段保持密切的溝通。

並且，好好活用品質機能展開時，可儲存顧客的要求與技術，有助於今後的產品、服務的企劃與設計。企劃部門的主要目的是掌握顧客的要求。將它如此圖的縱軸那樣，按階層別整理使之容易觀察，當企劃產品、服務時，要將重點放在顧客的哪一個要求就變得清楚，產品、服務的目的即變得明確。

顧客 ＼ 提供一方			留學方案						場所					生活					文化方案				經濟	
			會話時間數	文法時間數	閱讀時間數	擔當教員	其他科目構成	：	離都市距離	居住人數	：	：	：	寄宿（設計者的用語）					地域活動	學內活動	：	：	基本費用	選課費用
1次要求	2次要求	3次要求	○							◎			○							○				
可用英語寫書信	可說	可傳達希望	○	○		○				○			○					○		○			◎
		…		◎					○		○	○								○		○	
	可寫	…		◎						○	○					◎		○			○		
		…			○	○	◎				○												◎
	舉止	…	◎					(顧客的心聲)															
		…			◎																○		
可理解英語	…	…	○		○		○		◎				(關聯程度 ◎表有相當關聯 ○表有關聯)			◎							
		…																					◎
	…	…									○		◎			◎							
可用英語溝通	…	…							○	○		○										◎	
		…											○			◎			◎				
可接觸不同文化	…	…																					
		…																					
可輕鬆學習					○					◎									○		○		

顧客的心聲取成縱軸，產品、服務的規格取成橫軸，周密地掌握兩者的關係，搭建起顧客與產品、服務的橋梁

圖 15-5　在顧客心聲與產品、服務搭起橋梁的品質機能展開

另外，橫軸所表示的產品、服務的規格，與中央部分的關聯程度，是表示要如何才可設計出滿足要求的產品、服務，此即為技術的縮圖。像這樣由於直截了當地表現技術，因之將此儲存時，即成為新產品、服務在設計時的基礎知識。

Note

第16章
效果驗證

16-1 效果驗證的目的

1.「效果的驗證」是作什麼

如研擬了對策，就要驗證它的效果。對於驗證來說，直接引進到對象的過程再確認是最好的。另一方面，實際上無法直接引進到對象的過程的情形，或者有時間上的限制，只能以少數個來驗證的情形，或無法以系統引進而成為以子系統驗證效果的情形也有，本章的手法對此種情形有所幫助。

2.為了大幅地改善

與既有系統作為前提之情形相比，有需要更周密、大規模地實施。經常聽到「發生此種事態過去也未曾遇見」的心聲，這是無法預測波及效果所致。像這樣，一面從寬廣的視野去預測，一面驗證效果是有需要的。

3.工具的整體輪廓

在此階段中，有需要檢討實際引進對策時，過程或產品變成如何？此檢討像是目的有無達成？以及有無副作用？

目的是否能達成，即為結果與應有姿態的比較問題，因之可以活用前一章所介紹的手法。譬如，是否達成目標呢？使用平均與標準差比較，如有需要可從少數個的數據利用精密的統計手法驗證有無效果，像是 t 檢定或變異數分析等。本章從檢討波及效果等的觀點介紹「FMEA」、「FTA」、「韋氏解析」。

FMEA（Failure Mode and effect Analysis）中文稱為故障型態影響解析法，FTA（Fault Tree Analysis）中文稱為故障樹解析法，韋氏解析（Weibull analysis）是可靠度分析中常用的圖式分析法。有關上述的分析法，請參閱《圖解可靠度技術與管理》一書中的介紹。

Note

16-2 評價影響度

(一) FMEA

1.有系統地調查故障的影響

　　所謂 FMEA 是指故障型態影響解析，當系統的某要素發生故障時，它的故障會造成何種的影響呢？有系統地調查的方法。FMEA 是 Failure Made and Effect Analysis 的第一個字母的縮寫，此方法是當有對策或系統方案時，事前評價它的問題點。

表 16-1　探索故障型態與其影響的 FMEA：攜帶瓦斯爐

機構	基本機能	故障型態	估計原因	發生次數	影響度	檢出容易性	重要度	
瓦斯圓桶	保持	桶偏斜	保持器損傷、設置不充分	2	2	1	4	
	瓦斯送出	瓦斯管洩漏	瓦斯管有洞	1	3	3	9	最重要
瓦斯噴出	瓦斯噴出	瓦斯過度噴出	調整機構、管線不適合	2	3	3	18	
		瓦斯少量噴出	調整機構、管線不適合	2	1	3	6	
	空氣吸入	過吸入	調整機構、管線不適合	1	3	2	6	
		少吸入	調整機構、管線不適合	1	3	2	6	
點火裝置	點火	點不著	點火開關，電氣	3	1	1	3	
	開關連動	不連動	開關保持機構，壓按部位	1	1	1	1	

> 周密地調查故障型態對全體造成之影響，使需要重點管理的故障、機構明確

2.FMEA的活用例

　　針對攜帶型瓦斯爐實施 FMEA 的例子如表 16-1 所示。FMEA 是首先將攜帶型瓦斯爐分解成子系統，在子系統之中抽出重要的機構。像瓦斯圓桶、點火裝置等的零件，即為表 16-1 的縱軸。就各自的機構，記述有可能出現何種故障的故障型態。接著瓦斯圓桶如果故障時，會發生瓦斯洩漏或引火等，推導故障的影響會如何出現。接著，再評價這些的重要度。通常重要度是將發生的頻率、影響度、檢出的容易性等予以數值化，再以它們的乘積求出。從這些的解析得知，攜帶瓦斯爐的重要零件是瓦斯噴出機構，對此就有需要採取重點管理。

3.FMEA活用的要點

　　第一個要點是當作技術標準的儲存、活用。即使談到新的設計，全部都是新的設計是很少的。像此種情形，雖然使用已標準化的零件或單元，但在提高系統的品質方面

也是很理想的。此時，使用 FMEA 掌握影響度，當作技術標準使用也是可行的吧。

第二個要點是 FMEA 是以產品的故障作為對象所發展的手法，但這在探索過程中的重要作業也是有幫助的。此時，將過程分成幾個子過程，各個過程有何種的機構呢？以及無法發揮機能時，對過程會造成何種影響？可分別去探索。

(二) FTA

1. 將故障的發生條件由上而下展開以構造的方式表現

所謂 FTA 是針對故障發生的條件，將故障的發生當作高層事件（Top event），將它向各部分去展開，將故障的構造如樹木般地表現的手法。FTA 是 Failure Tree Analysis 是第一個字母縮寫而成，FMEA 是由下往上展開，相對的 FTA 是由上而下地展開。展開時，使用 AND 與 OR 等的邏輯記號。

2. FTA的活用例

針對攜帶型瓦斯爐展開FTA的例子如圖16-1所示。此處的高層事件是「未點燃」。未著火是瓦斯未正確地流出呢？或點火裝置異常呢？或者雙方都有呢？將此在圖中以最初之分歧的 OR 構造表現。並且，瓦斯未流出可以想到沒有瓦斯或管路異常等。像這樣，將故障的發生按此方式展開。

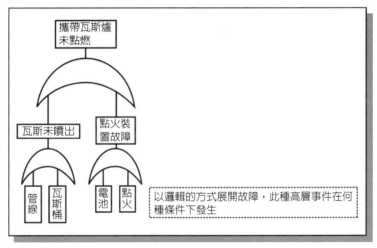

圖 16-1　由上而下調查故障的發生的 FTA：攜帶瓦斯爐例

(三) FTA 活用的要點

FTA 也是與 FMEA 一樣，作為未然防止以及技術的儲存來說是很重要的。像這樣，使之可視化，有助於知識的共享。並且，在活用 FTA 時，容易忽略的是環境條件、使用方法等。氣溫低的冬天不會有問題，但到夏天時隨著溫度的狀況而發生爆炸等，使用條件的變動也是在展開 FTA 時必須要考慮的。

16-3 以時系列的方式評估故障

(一) 韋氏解析（可靠度分析）
以時系列的函數表現產品故障

　　韋氏（Weibull）解析是在新產品的技術評價階段，以時間數列函數表現產品故障的方法。這是根據產品的故障數據，利用韋氏分配此種統計上的分配，調查產品的故障是形成何種狀態的方法。

　　產品的故障可以大略分成「初期故障期」、「偶發故障期」、「磨耗故障期」。初期故障期是對應產品上市後立即容易故障的狀態；偶然故障期是表示以一定的比率出現故障的期間。另外，磨耗故障期是指產品的壽命在將耗盡的階段中，故障率即慢慢變高。利用韋氏解析時，可以找出適配這些狀態之中的何者。

　　初期故障期如圖 16-2(a)，隨著時間的經過故障率慢慢減少中。偶然故障期如圖 16-2 (b) 那樣，不受時間的影響故障率為一定。另外，磨耗故障期如圖 16-2 (c) 那樣，隨著時間的經過故障率在增加。當圖 16-2 (c) 時，因為是磨耗故障期，因之有需要實施預防保養的對策，像積極地更換等。此外，偶發故障期的情形，像磨耗故障期那樣積極地更換並非良策。像這樣，實施韋氏解析時，今後要採取何種對策就變得容易理解。

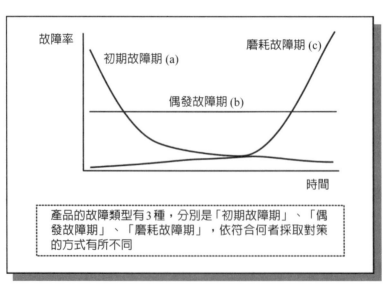

圖 16-2　產品故障的分類

(二) 加速試驗

在短時間內重現故障發生的狀況

所謂加速試驗是為了將故障發生的狀況在短期間重現,在比想像更為嚴苛的使用環境下實施試驗,如果它是實際的時間時,評價它會是多長的時間呢?對此加以檢討的一種方法。這是就對象產品利用固有的技術見解,考察如果是實際的狀況時,它究竟相當於多長的時間呢?

譬如,某電子零件設想在室溫下使用,為了重現此零件的故障,實施120℃的加速實驗。依據由此電子零件之技術所導出的換算公式,1,000小時的試驗相當於10年的使用。此計算的根據,有幾個假定,只在此假定妥當時,結果才是妥當的。有需要討論所列舉的現象,與假定是否一致。

加速試驗(Accelerated test)的目的可概括如下:
1. 為了適應日益激烈的競爭環境。
2. 在儘可能短的時間內將產品投入市場。
3. 滿足用戶預期的需要。
加速試驗主要分為兩類:
1. 加速壽命試驗——估計壽命。
2. 加速應力試驗——確定(或證實)和糾正薄弱環節。

Note

第17章
引進與管制

17-1 引進與管制的目的

1.「引進與管制」是做什麼？

「引進與管制」即使是有效果的對策，現場中無法引進的時候也有。為了提高對國外顧客的服務，以英語接待雖然是有效的，然而對此引進來說，培養能說英語的幕僚才是所需要的。

2. 為了大幅改善

與其以既有系統為前提進行改善，不如從更廣的觀點準備引進新系統更為需要。譬如，引進利用新的機器人來裝配的系統時，操作方法包含在內從事教育是有需要的。

3. 工具的整體輪廓

對策的引進與管制，標準化是基本。標準化是為了能確實進行相同的處理，以及實際能容易使用而決定步驟的活動。因此，從下節起說明標準化的想法。並且，引進對策時，照預定進行的情形也有，未照預定進行的情形也有，因之日程的變更管理也是很重要的。

對策的引進與管制，標準化是基本。

標準化的形式有簡化、系列化、綜合標準化、超前標準、組合化等。

綜合標準化是指有目的、有計畫地對標準化對象及其要素建立一個系統，全面考慮與其有關各方面的關係，制訂出一套具有相關要求的標準體系。

超前標準是指產品在開始生產之前，根據對科學技術發展情況的預測而制定的具有超前性的標準。

標準化有以下四大目的：

技術儲存、提高效率、防止再發、教育訓練。

Note

17-2 將作法標準化

(一) 標準化

1. 發現好的作法以步驟表現

　　過程的標準化是為了使生產的產品品質、提供的服務品質安定化所需要的。標準化並非像統計的手法那樣步驟確定，而是發現好的作法，將它以步驟表現的一連串活動。

　　譬如，有一家從事電鍍處理的工廠，想考察使此電鍍品質安定化。對電鍍的品質來說，像原料、通電時間、電解液的狀態、洗淨方法等有許多會造成影響。像這樣，有各種要因對結果造成影響，因之如未決定其作法，結果是不會安定的。

2. 標準化的活用要點

　　在過程的標準化方面：

　　(1) 設定適切的標準。

　　(2) 利用教育訓練等，建立能遵守標準的狀態。

　　(3) 使之能遵守標準

　　上述三點是很重要的。

　　首先就 (1) 來說，是設定標準使結果能夠變得理想。在電鍍的例子中，調查品質變好的通電時間與原料，將它當作標準記述在作業步驟中。在大飯店的例子中，考察讓顧客具有好印象的應對方法，並將它作成標準。

　　其次就 (2) 來說，有需要建立能遵守標準的環境。在顧客應對手冊中只是記述著「如對方以英語交談，就必須以英語應對」時，是無法提供服務的。為了能以「英語應對」，教育是有需要的。

　　另外就 (3) 來說，需要依從過程的標準去從事作業或提供服務是自不待言的。此實踐的準備階段是 (1)、(2)。因之，對於遵守標準的重要性，要具有共同的認知才行。在實際的場合中，未依從過程的標準的例子屢見不鮮。雖有標準，卻未遵照標準進行作業。對此種情形來說，要從「不知道、不會做、不去做」的觀點去檢討。首先，對於「不知道」就必須使他們知道標準為何物。在這方面，讓標準普及的活動是需要的，「不會做」時，雖然知道標準卻無法遵行，因之使標準成為實際的標準或從事教育、訓練是有需要的。最後的「不去做」，是未充分傳達標準的重要性時所發生的，應充分教育如未遵從標準時會發生何種的問題，使之了解嚴重性。

品管的禁忌：
1. 說與我無關。
2. 說沒辦法。
3. 說沒時間。
4. 說沒我的事。

知識補充站

統計學家的故事

　　牛頓（Isaac Newton，1642～1727），英國的數學家及物理學家，微積分主要締造者，萬有引力理論的發明者。

　　牛頓在 1642 年生於英國。1661 年上劍橋大學，但無特別表現。其實在大學期間，他已經摸索出二項展開式，為其微積分奠下基礎。

　　1665 年倫敦發生大瘟疫，牛頓回到家鄉的農場，開始構思萬有引力學說。然而由於實際觀測與理論計算所得的數據有些出入，加上數學上的一些障礙，牛頓並沒有發表他的學說。

　　牛頓於 1667 年回到劍橋，並於 1669 年成為講座教授。1672 年入選為皇家學會院士，提出稜鏡分光的實驗報告，然而虎克（Hooke，1635～1703，虎克定律的發明者）卻認為牛頓抄襲其研究，而予以無理且無情的攻擊。如此一來牛頓視發表為畏途，不但萬有引力暫時見不得天日，也導致誰先發明微積分的紛爭。

　　1684 年，虎克吹噓他已經得到天體運行的規律，刺激牛頓再度燃起對萬有引力學說的狂熱。此時地球的大小已有較正確的數據，而且他也用微積分解決了困擾他十多年的問題：「若球體離球心等距離處的密度都相同，要求其對萬有引力，是否可以把整個球體的質量集中在球心而為之」，這樣整個萬有引力的理論就能完整地解釋了星球運動。於是牛頓開始撰寫《自然哲學的數學原理》（Philosophiae Naturalis Principia Mathematica）這部曠世巨作，而於 1687 年完成並出版。

　　牛頓的微積分是冪級數式的。他先把非整數指數的二項式以冪級數表示，再把其他主要函數經由與二項式的關係，而表成冪級數，而冪級數的微積分就是逐項微分與積分。他還善用微積分基本定理，並把微積分廣泛用到物理學上。

　　完成了曠世巨作後，牛頓也就離開了學術。他先成了國會議員，再做製幣廠廠長，最後於 1703 年，坐上皇家學會會長的寶座直到死去，牛頓終身未婚。

17-3 設定引進對策的方式

本節擬介紹的 PDPC 與箭線圖，可於事前設想所預料到的困難，或事前在時間軸上擬訂計畫，對順利引進對策是有幫助的。它的本質是顯示可能設想的事態與其應對方式。

(一) PDPC 法

1. 畫出將來的腳本

所謂 PDPC 法像是從事某活動時的最佳腳本、次佳腳本等，事先設想幾個活動的流程，以及要做什麼，使之明確的手法。PDPC 法是來自「過程決定計畫圖」（Process Decision Program Chart）的英文第一個字母而得。此方法是在 1968 年為了解決當時東京大學的紛爭而表現其活動，由東京大學近藤次郎教授所想出。利用此法有以下幾點好處：①可以預測事態變成如何；②活動的重點應放在何處變得明確；③有關人員想要如何進行活動可以謀求意見一致。

2. PDPC 法的活用例

範例如圖 17-1 所示。在此圖 17-1 中，以所設想的事態來說有 A、B、C 三個。依照各自的狀況，有對策 A、B、C。像這樣，將事前的設想視覺化，使之能成為共同的認知。

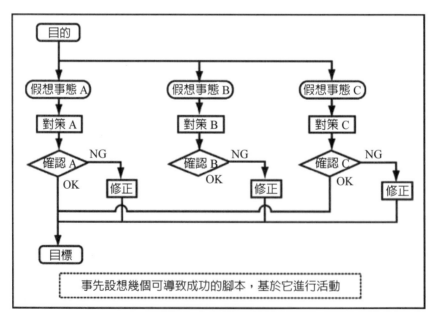

圖 17-1 描畫將來的腳本之 PDPC 法

3. PDPC法的活用要點

第一個要點是適切地列舉對活動造成影響，屬於致命性的事態。PDPC 法本身不但作圖簡單也容易了解，適切密集有關人員的知識，事前設想此致命性的事態是有需要的。

第二個要點是對不清楚的事態應用 PDPC 法。PDPC 法具有列舉已知的事態、對策容易的事態之傾向，如此是簡單的。可是，這是本末顛倒的，於事先找出會變成如何不得而知的事態，此種心態是需要的。

第三個要點是圖的層級。如果是在部層級中考察時，在部層級中就要一致，另一方面，如果是個人層級時，在個人層級中就要一致。並且，活動的事件個數，如果未控制在 30 到 50 左右時，洞察就會變得不佳。在大規模的情形中，依照部層級、個人層級分成數張來記載是最好的。

(二) 箭線圖

1. 使活動的前後關係容易了解

所謂箭線圖，是使用箭線使活動的前後關係與流程變得容易了解。所謂活動的前後關係，是指當組合零件 A 與零件 B 製造產品 C 時，如要製造產品 C，零件 A、B 有需要分別完成之意。此情形，即使只提高零件 A 的生產速度，如果零件 B 的生產速度沒有提高的話，整體而言的速度並未提高。

哪一個部分是決定製程的時程，以及何處有寬裕時間，使之明確的是箭線圖。通常製作箭線圖之後，要找出決定活動時程的關鍵路徑。所謂關鍵路徑（critical path）是該處的過程發生延誤時，整體而言也會發生延誤的過程。

2. 箭線圖的活用例

某辦公室中，像大型螢幕、書架、無線 LAN 網路的設置工程是需要的。此時所製作的箭線圖如圖 17-2 所示。在此圖中，所有的作業形成直列的情形即為圖 17-2(a)。並且以縮短全體的工期為目的，將地板工程分成地板臨時補修、地板正式補修、地板加工，將工程並列化者即為圖 17-2(b)。此外，關鍵路徑在此圖中也一併表示。在此圖中，牆壁補修、書架設置如延誤時，整體的工期也相當程度地變長。因此，這些有需要充分加以管理。

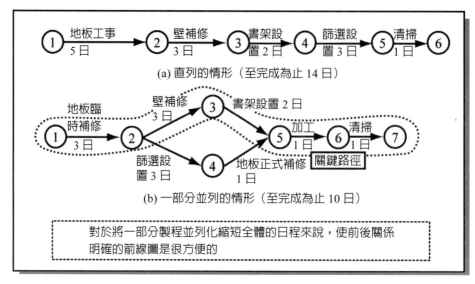

圖 17-2　利用箭線圖縮短全體日程例

(三) 箭線圖的活用要點

　　關鍵路線上的工程估計要慎重實施，並且如先前的例子，像工程的細分化等，要縮短全體的工期時，與它有關的估計要慎重進行。對於此來說，像類似的專案的進展狀況等，要積極活用過去的知識。

Note

17-4 使對策能安全、確實地運作

(一) 愚巧法

1.改變體系使之不發生失誤

　　所謂愚巧法（Fool proof）是改善作業的作法，設法使應實施的作業即使未被實施，作業的結果仍能往好的方向進行的一種活動。fool 是「愚笨」之意，proof 是「避免」、「防止」之意，Fool proof 也稱爲「防呆作法」。

　　人們的作業一定會有失誤纏身。使失誤的機率減小，雖然利用各種的教育是可以做到，但作到零卻是不可能的。因此，當發生失誤時，不使作業的作法往壞的方向去運作，爲此所進行的活動即爲愚巧法。另外，與此相似的用語有故障安全（fail-safe），這是探索故障（fail）發生時，以整體來看仍能往安全的方向進行的作法。

　　在愚巧法方面，「消除」作業本身是最具效果的。如果不從事作業，愚笨就不會發生：如果無法消除該作業時，可以讓機械「替代」人來做。機械的引進也有困難時，使此作業變得「容易」。此種原則稱爲「消除」、「替代化」、「容易化」。並非因應作業本身，使發生失誤容易檢出或緩和其影響的對策也有。

2.愚巧法的活用例

　　在電鍍加工零件的過程中，在電鍍槽中電鍍之後要使之乾燥。於電鍍槽中將零件從垂吊的治具中卸下乾燥時，「卸下」發生刮傷，或乾燥時出現傷痕。因此，消除「卸下」的作業，改變乾燥機的形狀使之不從治具卸下仍能乾燥。此例如圖 17-3 所示。這是利用先前的「消除」原則，消除由治具卸下的作業的一種愚巧法的例子。

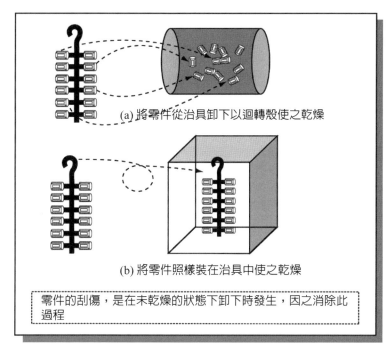

(a) 將零件從治具卸下以迴轉殼使之乾燥

(b) 將零件照樣裝在治具中使之乾燥

> 零件的刮傷，是在未乾燥的狀態下卸下時發生，因之消除此過程

圖 17-3　不易發生失誤的愚巧法：電鍍工程中防止受傷例

　　另外，於電鍍槽固定治具時，如弄錯其固定場所時，電鍍膜厚會發生變異。因此，爲了不使治具的固定場所弄錯，加裝了說明垂吊位置的指針（guide）。這是基於「容易化」的愚巧法。

3. 愚巧法的活用要點

　　第一個要點是發現失誤後要進行愚巧化時，可思考類似的失誤以利於未然防止。當有失誤時，使之不再發生因該作業失誤所造成的問題，這是相當重要的。並且讓此想法發展下去，思考類似的失誤，儘管此類似的失誤還未發生，仍事先進行愚巧化，以利於未然防止。

　　第二個要點是要認清失誤並非作業員的責任，而是製程管理者的責任。失誤雖然容易想成是作業員的責任，但有需要認爲是使作業失誤容易發生的管理者的責任，以如此的想法去推進有組織的愚巧化。

(二) QC 工程表

1.表示製程的管理體系

所謂 QC 工程表是指零件或材料組合後，至完成產品爲止的流程，與管制項目、管制方法一起表現的表。換言之，與要做什麼？如何管制？一起加以整理。

QC 工程表中有需要包含製程的流程、零件、管制項目、管制水準、表單類、數據的收集、測量方法、使用的設備、管制狀態的制度方法、異常時的處置方法等一連串的資訊。對於「此製程要如何管制呢？」的詢問來說，最直接的回答即爲QC工程表。

QC 工程表不僅是產品的生產，對服務也能應用。QC 工程表的本質，是使用何種資源、如何管制，因之，服務過程的流程、管制項目、管制水準、服務品質的測量方法等，即爲此情形中的記述要素。

2.QC工程表的活用例

電鍍製程中的 QC 工程表如表 17-1 所示。此電鍍製程是由前處理、銅電鍍、鎳電鍍、金電鍍之過程所形成，表 17-1 是表示其概要與鍍金過程。在此表中，記載有作業內容、管制項目、管制水準等，從此例來看，進行何者的管制變得一目瞭然。

QC 工程表也有人稱爲「QC 工程圖」。在日本式品管中，QC 工程表是品質保證體系（QA）極爲重要的工具，QC 工程表是個彙整產品每一個工程所有品質特性、管理方法的一種表，爲了確保製造工程的品質，確保不接受不良、不製造不良以及不流出不良，必須明確表示各工程的「產品特性」、「工程特性」，由誰、何時、用何種方法進行確認與記錄之管理方法。

表 17-1　整理工程的管制方法的 QC 工程表：電鍍工程例

工程	作業內容	管制項目	管制水準	記錄方法	負責單位	異常報告	備註
前處理	形狀確認	剝落目視	無缺點	全數、目視	A 生產線	異常報告書	
	尺寸確認	長度	20 ± 0.05 mm	抽樣、管制圖	A 生產線	異常報告書	
	預備洗淨	洗淨時間	1 分 $\pm$ 10 秒	查檢表	A 生產線	異常報告書	
	⋮						
鍍銅	電鍍處理	通電時間	2 分 $\pm$ 3 秒	查檢表	B 生產線	銅電鍍報告書	
	⋮						
	檢查	剝落目視	無缺點	全數、目視	B 生產線	銅電鍍報告書	
鍍鎳	電鍍處理	通電時間	1 分 $\pm$ 2 秒	查檢表	B 生產線	鍍鎳報告書	
	⋮						
	膜厚測量	厚度	30 ± 3 μm	抽樣、管制圖	B 生產線	異常報告書	
	外觀檢查	剝落目視	無缺點	全數、目視	B 生產線	鍍鎳報告書	
鍍金	液金濃度調整	金濃度	0 克 / L	測量基法 X	C 生產線	鍍金報告書	
	電鍍處理	通電時間	2 分 $\pm$ 3 秒	查檢表	C 生產線	鍍金報告書	
	⋮						
	膜厚測量	厚度	75 ± 5 μm	抽樣、管制圖	C 生產線	鍍金報告書	
	外觀檢查	剝落目視	無缺點	全數、目視	C 生產線	鍍金報告書	

QC 工程表是理想製程中品質管理的基本像作業內容、管制項目、管制水準等

3. QC工程表活用的要點

　　第一個要點是來自上游階段的產品設計與管制項目、管制水準的連結。設計階段中所決定的規格，使之能確實踐，正是 QC 工程表的目的。管制項目與管制水準如不適切時，產品或服務就無法按照規定。

　　第二個要點是依據 QC 工程表的管制方法要徹底周知，QC 工程表的製作是與管制方法的決定相對應。QC 工程表的製作人，有需要在徹底周知之後，再進行管理。

第4篇
全面品質管理

第18章
TQM的需要性

18-1 TQM的目的(1)

　　所謂全面品質管理（Total Quality Management, TQM）是指在高階的領導下，組織形成一體，為了生產出顧客滿意的產品或提供顧客滿意的服務所進行的一連串活動。如果是製造業，有需要使生產的產品「品質」良好，如果是服務業，有需要使服務的「品質」良好。因之TQM在製造業、服務業等所有的業種，從小的組織到大的組織，不管組織的規模大小均是有效的活動。此外，為了實踐TQM，像改善的步驟與統計的手法，為了能有組織、有體系地運作所需的方針管理與日常管理，作為部門間橋梁的品質機能展開，以及支援此等的各種有效想法等，均被建議採行。

　　產品的品質如果不佳，不能被顧客所接受就會從市場消失，或服務的品質如果不佳，顧客將永不再上門。像這樣，可以直覺地了解品質的重要性。那麼，要如何實現好品質的產品或服務呢？只要負責產品的生產部門或提供服務的部門改進就行嗎？

　　譬如，考察車子時，即使車門能順利開啓，關閉也全無鬆脫，但原本它的設計不佳，開啓關閉時造成搭乘的上下不易，此車的品質仍會被判斷不好吧！生產部門或服務的提供部門使產品的品質、服務的品質良好是很重要的，但如此仍是不夠，設計部門也有需要積極地考量顧客的要求。在大飯店的服務方面，儘管按照顧客應對手冊所決定的事項從事應對，如果手冊中所規定的事項本身不佳時，能讓顧客滿意的服務是無法提供的。像這樣，要提供好品質的產品或服務，不只是特定的部門，組織形成一體從事活動是很重要的。

　　此處的目的是針對TQM說明它的概要。提供好品質的產品或服務是不能等閒視之。在高階的領導下，各個部門掌握關鍵點從事活動是有需要的。介紹TQM的想法、方法、歷史的背景等，以及對於近來的話題，如ISO9000與美國展開的6標準差等也略為涉及。

1.品質的好壞是利用顧客的滿意度來測量

　　首先本節就TQM之中的「Q：品質」來考察。品質的好壞並非是由產品或服務的提供者所決定的，而是看顧客對產品或服務的滿意程度如何來決定的，此概念如圖18-1所示。亦即，在議論品質時，會出現「顧客」、「產品或服務」、「提供產品或服務的組織」等三者。此處的顧客從狹義來說，是指產品的實際使用者或接受服務提供的人；廣義來說是指與產品或服務有關的所有利害關係人。

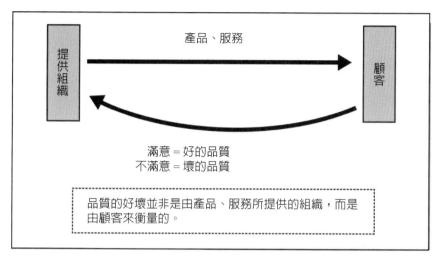

圖 18-1　顧客、產品或服務，提供組織與品質的關係

　　此外，取決於顧客的滿意，就會被判斷「此產品的品質佳」或「此服務的品質佳」。如果顧客並未能接受它，品質不能說是好的。

　　此處對硬體等的產品或服務等的情形，均使用「品質」來表現，對應英語的名稱均是 Quality。服務使用「品」質來表現，以用語來說有些不自然，但為求統一仍使用相同用語。

　　　　品質的價值是由顧客來衡量的，品質的用語通常指的是有形產品，但無形的服務，為了能一體適用，此處也使用品質的名稱，稱為服務品質。

18-2 TQM的目的(2)

2.品質的變遷
決定品質的好壞是顧客，顧客的範圍也是隨著時代而有所改變。
- 直接使用者（狹義的顧客）。
- 不僅使用者也包含社會（廣義的顧客）。

此變遷從產品的生產組織、服務的提供組織來看，也可看出如下的變遷，即產品、服務是否滿足規格？
- 規格是否被顧客接受？
- 不只是直接的顧客，是否也被環境、社會所接受？

此外，從產品、服務的直接顧客來看，有如下的變遷，即基本機能是否滿足？
- 機能對顧客而言是否滿足？
- 接受產品、服務的提供在環境面上，是否也被社會所接受？

何時會發生變遷，取決於產品、服務的種類或社會情勢等而有不同。

1970年代初期的「鉛筆」所購買的產品有很多是未具備「可以書寫」的機能。以最不良的鉛筆來說，有「筆芯折斷」的情形。在購買的時候，木頭內側的筆芯已折斷，每當削鉛筆時，折斷的筆芯即出現而無法使用。此外，筆芯含有異物，書寫的味道非常難聞的鉛筆也為數不少。

此時，與其思考這家公司在做什麼，不如認為運氣不佳，而感到無可奈何。亦即無奈的承認產品有好的與壞的，這可以看成產品的提供者決定品質好壞的表現。

從此種時代到幾乎買不到不良的鉛筆，就像「鉛筆要能書寫是理所當然之事」，到了產品合乎規格是理所當然的時代了。譬如，從「不故障，這車子不錯」到「行駛順暢」等，顧客是否能積極地滿足，已成為相當重要的時代。此階段如圖18-2(a)所示，可以掌握的是物理上的充足與否，是會影響到滿意的。最近出現以二元性的方式掌握物理上的充足狀況與滿意度的關係。以此二元性的認知方法來說，如圖18-2(b)所示之狩野紀昭博士所提倡之「當然品質、魅力品質」是為人所熟知的。

譬如，即使車子能行駛不覺得有積極的滿足感，但是不能行駛就會不滿，這在圖中是以當然品質來說明。而且，縱然未附加高精度的導航系統也不會感到不滿，但如能附加，積極地感到滿意的人也不少，此種類型是以魅力品質來說明。此外，省油車感到滿足，另一方面耗油車感到不滿的人也有不少，這是以一元性品質來說明。

當然品質就像「車子能行駛」的例子一般，是產品或服務的基本機能，與其存在理由有關。因此，提供產品或服務的組織，首先要好好確保當然品質之後，再設法附加魅力品質是課題所在。

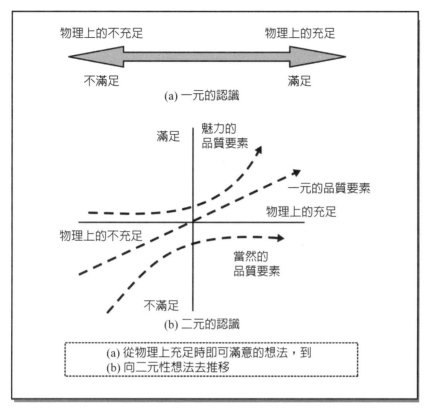

圖 18-2 物理的充足與滿意度

當然品質如果不充足，顧客必然會抱怨；魅力品質如果不充足，顧客不致於發生抱怨，但如果充足，顧客會更滿意。

18-3 TQM的目的(3)

3.品質的擴大

隨著競爭的激烈化，品質的範疇逐漸在擴大中。對於此擴大來說，以概念來說明即為圖 18-3。以汽車的情形來說，曾經是不會故障地行駛、能否發揮車子的基本機能是問題所在。之後，不只是能不故障地行駛，也從搭乘性、安定性等的種種觀點來進行評價，此擴大今後也會持續下去。

此外，近來頻繁地出現持續地成長這句話，此概念如圖 18-4 所示。如對應此圖來想時，對顧客來說品質是否良好，以及實現該品質的環境負荷是什麼，甚至對社會的貢獻是什麼等，可以說是面臨被追究的時代。

以出現此傾向來說，可以舉出美國的幾位電影演員在頒獎儀式的現場穿著禮服，搭乘著對環境甚為體貼的小型車出場。此頒獎儀式一般是搭乘大型車、禮車，相對的，此種小型車的出現正是訴求自己對環保意識的高漲，這表示減少對環境的負荷也是一項重要的品質要素。

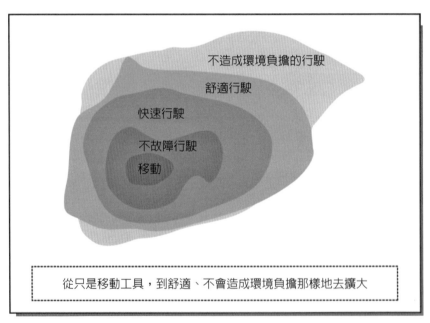

不造成環境負擔的行駛

舒適行駛

快速行駛

不故障行駛

移動

從只是移動工具，到舒適、不會造成環境負擔那樣地去擴大

圖 18-3　對車子要求的擴大例

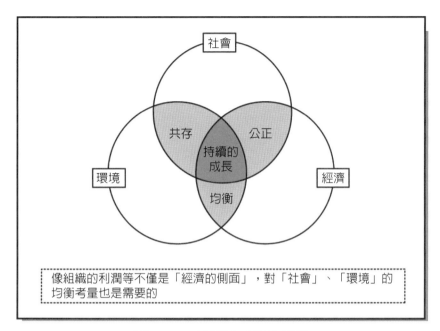

圖 18-4　持續性成長的要件

　　並且，對社會的貢獻也很重要。關於對社會的貢獻與產品的品質、服務的品質有何種關聯來說，目前並無完整的方法論與概念，都是個別式的應對。產品或服務的提供組織有需要具有對社會貢獻的意識。此外，由於環境公害頻繁發生，社會開始更多地關注企業的環境社會責任。

　　　　企業不僅考量利潤，對社會、環境的考量也不可忽視。亦即，企業也需要對社會有所貢獻，盡到社會責任，另外，對環境的保護也是企業應盡的義務，畢竟保護地球是人人有責的。

18-4 TQM中的管理

1.管理是決定目標且達成目標的活動

　　TQM 中的 Management 對應「管理」或「經營」，是表示決定目標並確實達成它的活動。品質管制是由美國傳進來的 Quality Control 的譯語。Control 的直接翻譯是管制、控制。其涵義並未包含決定目標，而是目標給與時的達成。如圖 18-5 所示，迅速地接近目標值的活動是控制（control）。

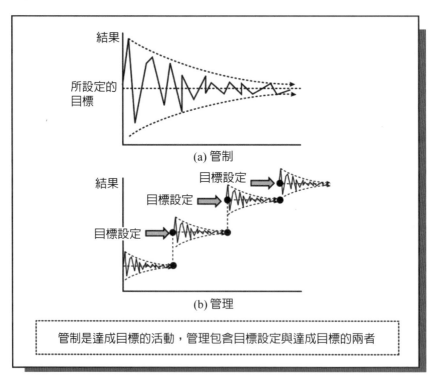

圖 18-5　管理 = 管制（control）+ 目標設定

　　管理是「管制」加上「目標設定」。洞察市場的動向，設定品質目標等也是管理的範疇。它的重要想法即為 PDCA 循環。亦即，訂立目標，並計畫（Plan）實現此目標的手段。接著，為了實施而預先準備，然後再實施（Do）。然後，將實施的結果與目標比較，確認（Check）情形如何，最後基於該結果採取處置（Act）。

2.適切的目標是從組織的品質方針展開

　　各部門中的目標，是經由展開組織全體的品質方針所得出。亦即，基於組織的理念、願景、策略等，決定出有關「品質」的方針。將此組織的品質方針，向計畫、設計、生產、營業、流通等所有部門去展開，再決定出各個部門的目標。

　　在網路上以關鍵字搜尋「品質方針」時，可以確認出許多公司在網頁上均提示出品質方針，將此方針展開成各個部門中的品質的目標。以此工具來說，有後述的方針管理，這在其餘章節中會詳細說明。

3.維持與改善

　　管理有維持與改善的 2 個側面。所謂維持是使結果能持續保持目標水準的活動。對維持來說，將對結果最有影響的要因保持在一定的水準是原則所在，另一方面，改善是將目標本身設定在高的水準，再去實現它的活動。所以，維持已改善的狀態，重複數次循環，持續性地進行即可保證結果會愈變愈好。

　　品質管制被認為是在 1920 年代，由美國的修哈特（shewhart, W. A.）博士提出管制圖（control chart）的時候開始的。管制圖是將維持的根幹即管制（control）具體實現的工具。時系列圖形如圖 18-6(a)，管制圖如圖 18-6(b) 所示。

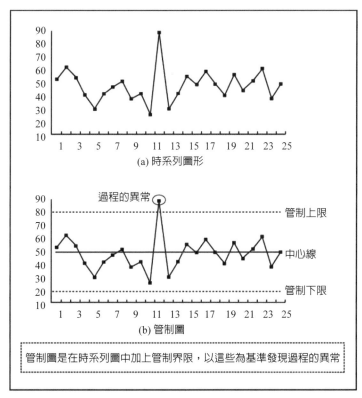

圖 18-6　時序列圖形與管制圖的異同

　　管制圖與時系列圖形一樣,縱軸取測量產品特性等結果的指標,橫軸取時間軸,兩者只有一處不同,是管制界限的存在。通常我們收集的數據均有變異,管制界限是明示因偶然發生之誤差引起變異的範圍。因此,數據超過它的範圍出現時,可以解釋產生結果的製程出現異常。所謂製程是指產生結果的一連串手續,像作業過程、服務的提供過程等,被定義成有意義的區塊。

　　另一方面,點在管制界限的範圍內沒有習性的變動時,該製程並無異常的原因,經常處於安定的狀態,可以解釋數據的變異只因偶然所引起的。像這樣,使用管制圖可以確認製程是否在相同的安定狀態下,因之用於維持的管理是非常有效的。

　　改善是在目標未能達成或應有的狀態與現狀有偏離時,解決它們的一連串活動。為了進行改善活動,正確掌握現狀並適時的判斷是有需要的。

4.製程的好壞與結果的好壞

　　製程處於維持的狀態,與結果是理想的狀態是不同的,因之有需要考慮此兩者。圖18-7所示,為了使結果成為良好的狀態,經常監視結果與製程,對製程採取處置。

　　製程與結果的二元性關係,如表18-1(i)所示,有下面4種情形。

(1)製程安定,未出現不符合規格的產品或服務。

(2)製程不安定,未出現不符合規格的產品或服務。

(3)製程安定,出現不符合規格的產品或服務。

(4)製程不安定,出現不符合規格的產品或服務。

　　將它們的處理方式加以整理者,即為表18-1(ii),將此內容比喻成學生的考試結果與努力的過程即可明白。

　　(1) 是積極地參加平常的上課,穩定且持續地認真預習與複習等,同時考試結果也好的情形。亦即,讓學習過程能安定在良好的狀態,並且結果也處於好的水準。此學生可以預期今後的考試也可出現好的結果。如果是產品時,使製程持續安定,今後也可預期不會出現不符合規格的產品。

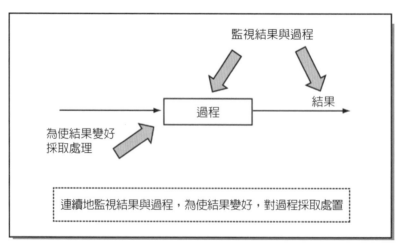

監視結果與過程

過程　　　　結果

為使結果變好
採取處理

連續地監視結果與過程,為使結果變好,對過程採取處置

圖 18-7　結果與過程的監視

　　其次的 (2) 是平常不出席上課，預習與複習等也不認眞且過程不佳，但以結果來說卻是通過考試的情形。此情形是此次的考試也許及格，但今後的考試也許就不一定會及格。以產品的例子來看時，目前偶爾未出現不符合規格的產品，但今後也無法保證不出現不符合規格的產品。有需要貫徹標準化，努力使過程安定。

　　(3) 是儘管出席上課也認眞預習與複習，結果卻是未通過考試的情形。這因爲是依據老師的指示使過程安定在理想的狀態，此與其說是學生的問題，不如說是教師的授課，譬如上課內容、練習的指示等有問題。以產品爲例來說，儘管作業只按照作業標準安定地從事作業，卻出現不符合規格的產品，此情形並非作業員的作業有問題，而是管理者一方有問題。因此，必須重新檢討管理方法。

　　最後的 (4) 是學生不做練習與複習，過程處於不佳狀態，結果未能使考試及格的情形。此情形的首要課題是使過程安定處於理想的狀態。以產品或服務的情形來說，此種狀態是在過程的著手階段中經常出現。首先應使過程安定，並制訂標準且教育作業員使之能遵從。

　　(3) 與 (4) 相比時，解決較爲困難一般是 (3)。至於 (4) 的課題是遵守標準，使過程安定在理想的狀態。換言之，要做什麼應使之明確。另一方面，(3) 是所謂的慢性不良，被認爲是重要的事項在進行時所發生的問題。因此，要從什麼地方著手才好，由於不明，因之與 (4) 相比，解決較爲困難。

表 18-1　過程的狀態與結果的狀態

(i) 眼前的狀態

		過程 安定	過程 不安定
結果	好	(1) 現在好將來也好	(2) 今後有壞的可能性
	壞	(3) 安定卻是壞的狀態（慢性不良）	(4) 過程與結果均壞

(ii) 今後的狀態

		過程 安定	過程 不安定
結果	好	(1) 持續今後的努力	(2) 讓過程安定以 (1) 為指向
	壞	(3) 需要與過去不同的著眼點	(4) 首先讓過程安定

取決於結果與過程處於如何的狀態，有需要改變今後的著手方式

18-5 「全面性（Total）」活動為何需要與 TQM成為生存的必要條件

(一)「全面性（Total）」活動為何需要

1. TQM的「全面」有2個側面

TQM 中的 T，全面的意義有 2 個側面：

(1) 綜合地考量品質。

(2) 組織全體綜合性地參加。

首先就 (1) 來說，過去只要符合規格就可以了，規格本身對顧客而言，是否讓人滿意就顯得很重要。而且，顧客的滿意，像過去那樣「個人的滿意」被視為重要的時代，到了變成包含顧客本身在內追求「全面的滿意」的時代。譬如，複合車除了省油可讓顧客個人滿意之外，對環境的顧慮也被當成顧客滿意的一項而被考量。由以上來看，今後的品質會向更為綜合的方向進行。

又在 (2) 這方面，所有部門有需要考慮品質，譬如，最有機會聽到顧客心聲的部門是哪一部門？那正是營業部門，要高度地追求顧客的滿意，營業部門有需要積極地收集顧客的心聲，並將它聯結到企劃部門，企劃部門更詳細地分析顧客的心聲，如先前的 (1) 那樣綜合地考量品質，並且考量技術面的可行性再製作企劃案。另一方面，設計部門則有需要與企劃部門、研發部門合作，基於顧客的心聲從事設計，像這樣，組織全體均參與品質的提供是有需要的。

2. 高階綜合地研擬方針，向各部門展開

就進行 TQM 來說，高階基於組織的願景、策略設定有關綜合的品質的方針，將它展開成各部門的目標，基於該目標進行各部門的活動是很重要的，高階的任務，是為了能持續的成長考量各方面的均衡後，明示組織應朝哪一方向進行的方針。如果只考慮一個面時，使活動的方向一致是很簡單的，但出現數個面時，各自向任意的方向進行的情形也有。因此，高階綜合地設立方針，將它向各部門展開，各部門再依據它進行活動。

3. 全面性地推進維持及改善是核心所在

TQM 的核心是全面性地考量品質。所有部門在各自的立場，重複地實踐持續性的改善與維持。此處所說的改善不只是以既有的系統為前提來提高品質的方法，基於新系統的建構，大幅度提高品質的活動也包含在內。有些書將前者當作改善，將後者當作創造或革新加以區別，此處的目的並不在這方面的詳細記述，而是基於比現狀更好之意，統一地使用改善這個名詞。

(二)TQM 成為生存的必要條件

「TQM 變老舊了！」對企業來說，果真是不需要的活動嗎？不！決非如此。隨著經營環境的多樣化，以下 6 個特徵顯示 TQM 活動的需要性。

1. 面臨 21 世紀的現在，企業有組織的活動成為生存的必要條件。亦即，不僅在海外要保有競爭力，為提供可以取得顧客高度滿意的品質而實踐 TQM，是確保生存的必要條件。但是，取決於組織未使用 TQM 之名稱的情形也有。譬如，美國雖然使用 6 標準差的名稱，但其實態與日本的 TQM 大部分是相關的。

2. 確保國際性品質的優位性的企業，將 TQM 再以企業獨自的方法使之進化，譬如，豐田汽車的情形是 (1) 隨著策略性的技術開發，基本上是 (2) 連續性落實地實踐品質管理，持續地謀求水準的提升。

3. 未考慮提供顧客滿意的品質的企業，會從市場上被淘汰。並且，像標準的遵守等，對 TQM 的基礎馬虎草率的企業，在品質方面會發生問題而被市場所淘汰。

4. 將 TQM 應用在醫療等的領域也見到不少。

5. 透過 IT（資訊技術）的有效活用，可以及時掌握顧客資訊，許多企業引進活用 IT 的體制。

6. 品質的掌握方式，比以前更為綜合性。成功的企業，在環境與社會的貢獻以及經濟面上適切保持平衡，同時就此設定品質的有關方針。

推行 TQM 並非趕時髦，而是企業生存的必要條件，雖然不推行 TQM，企業或許仍可存活，卻慢慢失去競爭力。TQM 活動是一種文化，是一種習慣，不是趕流行。

18-6 TQM的願景

1. 行動指針與基本的想法。
2. 各個過程中的實踐方法。
3. 組織全體的推行方法。

　　此概要如圖 18-8 所示。

　　TQM 的一個特徵，並不只是提示進行什麼此種目的，也提示實踐它的手段。

　　首先，「行動指針與基本想法」，在實踐 TQM 時，不管是何種場面，過程是經常要放在心中的事項。並且，「各個過程中的實踐方法」，也包含標準化與統計手法等，此容於第 19 章再行敘述。另外，「組織全體推進方法」，是把重點放在依據高階所決定的方針，組織全體推進活動，此容於第 20 章再行說明。

　　關於產品的生產與服務的提供過程，通常分成「研究開發」、「企劃」、「設計」「生產」、「提供」、「流通」等，因之，第 19 章按各階段說明 TQM 的要點。另外，像 ISO9000、6 標準差等，第 22 章就 TQM 模式予以涉獵之餘，也對實踐 TQM 的風土文化進行解說。

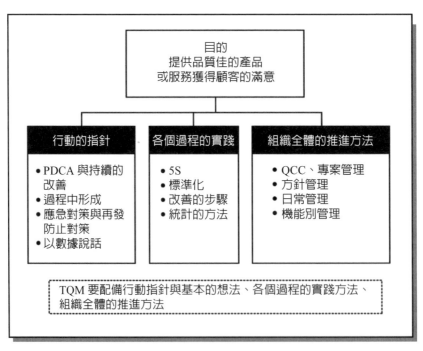

圖 18-8　TQM 的目的與其實現的 3 個要素

第19章
提升各過程水準的方法

19-1 5S

所謂 5S 是指「整理」（seiri）、「整頓」（seiton）、「清掃」（seiso）、「清潔（seiketsu）」、「教養」（sitsuke）。此 5S 的稱呼是取日文發音的第一個字母而得。此 5S 與其說是直接與品質有關的活動，不如說是支撐日常業務、改善專案等的基礎。

到生產現場時，如果材料、工具散亂的話，認為可以作出好品質的產品嗎？或是文件零亂的顧客中心，認為可以正確回答顧客的洽詢嗎？

從此例可知，5S 不管是哪個業種、何種工作場所、何種業務型態，它的實踐是不可欠缺的。換言之，5S 不能實踐的地方，不只是 TQM，其他的各方面也是無法順利進行的。試觀察 5S 的個別意義看看。

1.整理

明確地區分需要的與不需要的，將不需要的加以處分的活動。如果未能整理時，不需要的東西就會變多，無效地使用空間，資金也會無謂地浪費。

2.整頓

什麼放在何處，使之可以立即了解狀態的一種活動。如未整頓時，譬如，尋找工具就會花時間，或尋找所需文件更是會花時間。在工作場所中找不到數據、文件，乃是未進行整頓的一種現象。

3.清掃

以美觀的工作場所作為旗幟，經由使之美觀的製程，實踐工作場所中維持管理的基礎。譬如，機械設備的清掃，是維持機械設備的基礎。並且，桌上的資訊處理，使桌子的周圍美觀，是指透過清掃的過程，維持容易進行資訊處理的環境。

4.清潔

不光是衛生面的問題，也指歷經長期間維持上述已整理、整頓、清掃的狀態進行維持的行動。譬如，工廠中的「清潔」，不只是去除對人體造成影響的雜菌，也具有經常能作到整理、整頓、清掃的狀態。

5.教養（遵守規定）

就整理、整頓、清掃、清潔來說，不仰賴指示，自己能率先地實施。譬如，整頓的基本之一有「用完要歸位」。要實踐此事，並非是因為被告知或記述在作業標準書中所以才去做，而是基於「自己率先實施，職場環境就會變好」的意識去實踐，這就是教養（遵守規定）。

事實上 5S 是起源於日本，是指在生產現場中對人員、機器、材料、方法等生產要素進行有效的管理，這是日本企業獨特的一種管理辦法。

1955 年，日本的 5S 的宣傳口號為「安全始於整理，終於整理整頓」，當時只推行了前兩個 S，其目的僅為了確保作業空間和安全。後因生產和品質控制的需要而又逐步提出了 3S，也就是清掃、清潔、教養，從而使應用空間及適用範圍進一步拓展。到了 1986 年，日本的 5S 的著作逐漸問世，從而對整個現場管理模式起到了衝擊的

作用，並由此掀起了 5S 的熱潮。

日本式企業將 5S 運動作為管理工作的基礎，推行各種品質的管理手法，第二次世界大戰後，產品品質得以迅速地提升，奠定了經濟大國的地位。而在豐田公司的倡導推行下，5S 對於塑造企業的形象、降低成本、準時交貨、安全生產、高度的標準化、創造令人心曠神怡的工作場所、現場改善等方面發揮了巨大作用，逐漸被各國的管理界所認識。隨著世界經濟的發展，5S 已經成為工廠管理的一股新潮流。

根據企業進一步發展的需要，有的企業在原來 5 S 的基礎上又增加了安全（Safety），即形成了「6S」；有的企業再增加了節約（Save），形成了「7S」；也有的企業加上習慣化（Shiukanka）、服務（Service）及堅持（Shikoku），形成了「10S」，但是萬變不離其宗，都是從「5S」衍生出來的，例如在整理中要求清除無用的東西或物品，這在某些意義上來說，就能涉及到節約和安全，具體一點來說，例如橫臥在安全通道中無用的垃圾，這就是安全應該關注的內容。

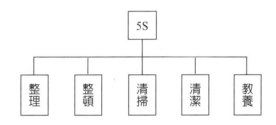

5S 起源於日本，是指在生產現場中對人員、機器、材料、方法等生產安全進行有效的管理，這是日本企業獨特的一種管理辦法。1955 年日本的 5 宣傳口號為「安全始於整理，終於整理、整頓。」當時，只推行前兩個 S，其目的僅為了確保作業空間與安全。

19-2 標準化

TQM 的基礎是過程的標準化。這是將產品（服務）的品質維持在一定水準以上的方法。過程的標準化不管在何種的產品、服務中均是 TQM 的基盤。

1.何謂標準

所謂標準是就產品或過程等，規定工作的作法，作成標準稱為標準化。在我們的周遭，被標準化的東西有很多，譬如，電力的電壓。目前的電氣產品在國內任何地方均可使用，這是因為電壓標準化在 110V 所致。又螺絲也被標準化，如果知道正向螺絲或負向螺絲時，即可使用適切的螺絲起子。

如果未標準化時會如何呢？譬如，由臺北搬到臺中時，為了因應不同的電壓，就必須重新購買電氣產品。並且，螺絲的形狀如果未標準化時，每次購買螺絲就必須要購買專用的起子。

此種標準不限於產品。也有決定工作方式的過程標準。譬如，像是工廠等都規定有作業的作法。或者，在大飯店中，規定有要如何應對顧客的作法，也有稱為作業指示者、顧客應對手冊者。這些並非將完成的產品或提供的服務加以標準化，而是將其提供的過程加以標準化。

2.為何標準化是需要的呢？

過程的標準化之所以需要，是為了使產品、服務的品質安定化之緣故。並且，近年來將過程讓外界看得見，兼顧能讓顧客積極滿意的一面也有。對於前者，將其概念如圖 19-1 所示。圖 19-1 是將結果與要因的關係，表現成特性要因圖。

標準化的種類大略分為
1. 作業標準。
2. 管理標準。
3. 技術標準。
4. 公司規定等。

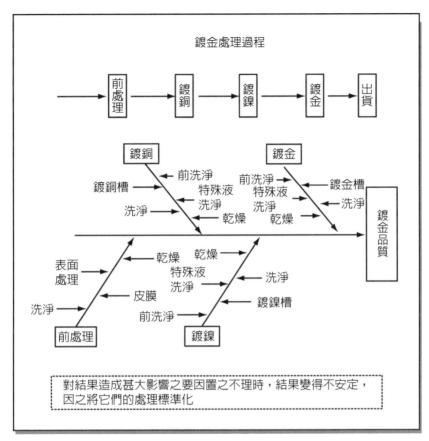

圖 19-1 影響結果的要因與過程的標準化

此圖是列舉進行電鍍處理的過程，思考讓鍍金品質安定化。如此圖的上半部所示，鍍金處理是由前處理、鍍銅處理、鍍鎳處理、鍍金處理所構成。另外，即使取出鍍金處理一個來看，像洗淨、電鍍處理、乾燥之類，這也有許多的處理。

對鍍金的品質，原料、電源時間、電渡液的狀態、洗淨方法等，有各式各樣會造成影響。由於有各種原因對結果造成影響，因之如未決定其作法，結果就不會安定，因之過程的標準化是需要的。

以上是產品的例子，對於服務的情形也是一樣的。譬如，對於大飯店的服務來說，A 從業員對顧客進行細膩的應對，顧客的滿意度非常地高。可是，它的應對內容並未加以標準化，僅止於 A 先生的腦海中，情形又是如何呢？新人的 B 從業員，不知道要做什麼才好，結果無法獲得顧客的滿意。為了避免此種事態，要將過程標準化使結果安定。

　　過程的標準化就像「我們公司是如此做的！請放心！」，將組織的過程內容向他人提示，對獲得積極的滿意也有貢獻。譬如，考察在 A 公司與 B 公司之中要與哪一家交易。A 公司的說明是「我們公司的產品很好。請購買吧！」另一方面，B 公司的說明是「我們公司的產品很好。依據此步驟如此製作的，並且如此進行管理的。」哪一方比較有說服力呢？主張產品本身的良好此點，A 公司、B 公司是相同的，但說明到內容此點，B 公司的說明較具有說服力。

　　近年來，網際網路的發展，經營環境也國際化，新企業加入的機會增加。此時，將組織的過程標準化，將它積極地提示，擅用商機的組織有不少。後述的 ISO9001 是將過程標準化，使之能提示組織的管理系統，使用第 3 者認證的方式，對打開商機有所貢獻。

3. 過程標準化的進行方式

　　過程的標準化以下 3 點甚為重要：

(1) 設定適切的標準。

(2) 利用教育訓練等，建立能遵守標準的狀態。

(3) 使之能遵守標準。

　　首先，就 (1) 來說，設定能使結果變好的標準是很重要的。在先前的電鍍例中，調查要多少的通電時間，電鍍的品質才會變好，將成為其最佳狀態的作業方法作成標準。在大飯店的例子中，考察讓顧客具有良好印象的應對方法，將它作成標準。

　　其次就 (2) 來說，建立能遵守標準的環境是需要的。譬如，大飯店的情形，對於英語是母語的顧客能以英語應對，對顧客而言是非常高興的事。要在大飯店中提供此事，必須實踐「能以英語會話」的教育。只是在顧客應對手冊中寫上「對方以英語開口時，就要以英語應對」，服務是無法提供的。接著，對於 (3) 來說，必須遵從過程的標準從事作業或提供服務是無庸置疑的。此實踐的準備階段是 (1)、(2)。

　　在實際的場合中，不依從過程的標準，獨自進行處理的例子有不少。1999 年的鈾燃料加工設施 JCO 的臨界事故，雖有作業標準，但並未依據它從事作業，所以才發生事故。像這樣，雖有作業標準，卻未按照標準作業時，要以哪一個著眼點來推進標準化才好呢？

　　以著眼點來說，有「不知道、不會做、不去做」此 3 項。首先，應遵守標準的人，必須知道標準為何。關於此，讓標準普及的活動是需要的。「不會做」時，從先前的大飯店的例子似乎可知，雖然知道卻不會做，所以使標準實際些或實踐教育訓練是有需要的，這很明顯是管理一方的問題。最後就「不去做」來說，未完全告知標準的重要性才發生的。儘管具有依從標準進行作業的能力，卻未遵守標準，幾乎是標準本身的重要性並未滲透的緣故。因此，未遵守標準時，會發生何種的問題呢？應充分地討論。

4. 在標準化美日的差異

　　關於過程的標準，經常將「美國重視步驟」與「日本重視教育」相對比。在美國的某家超市購買啤酒，常會被要求看身分證。從這些事情來想，在超市的收納員的標準中因記載有「賣啤酒等有酒精成分的飲料時，要以身分證確認年齡」，所以可以認為

收納員是依標準行事。

從此例也可明白，美國的組織是將細膩的處理流程作成標準有此傾向。接著，要求依據它從事作業，因為是許多國籍、文化混合的國家，因之將過程的標準仔細地加以規定。

另一方面，日本的情形則是規定過程的手續僅此於最小限，相對的，教育卻有費時的傾向。某餐廳對於像是接待顧客時的用字遣詞等，只制定少數重要事項的手冊，之後徹底實踐教育。譬如，以教育的一環來說，讓他在其他一流餐廳中用餐，何種的著眼點是自己不足的，由自己去發覺的一種作法。

標準化與教育，並非兩者選一，兩者都是需要的。美國組織將著力點放在標準化，日本組織則把著力點放在教育，此差異是以整體的傾向來看的。當然，並非所有的美國組織或日本組織都是如此，採取中間作法的組織也有很多。

5. 標準化完成之後的創造性

如果正確理解標準化的意義，並能推進適切的標準化時，標準化是可以促進創造性的，雖然經常聽到標準式的劃一作法會妨礙創造性。這是起因於未理解標準化的意義，或者將標準化過度地形式化在推進等，不適切運用所引起的。所謂創造是新作出過去所沒有的事物，因之如不知道過去有什麼是無法創造的，表現此過去的作法者即為標準。

譬如，新式樣汽車的設計，何種程度是全新的呢？即使是大幅的式樣變更也好，儲存有過去設計的相當資訊量才能應用。亦即，如有全新的部分時，也就有沿用過去的技術的部分。全新的部分需要創造，但沿用了過去的技術可以使用的部分，在保證效率、設計的品質上更具有效果。為了此沿用，過去的技術的標準化是很重要的。

Note

第20章
提升整個組織水準的方法

20-1 綜合推進的要點

要有組織地推進 TQM，以下幾項是要點所在。
1. 在各個過程中實踐著維持、改善（品管圈、專案小組）。
2. 將改善朝向有組織、統一的方向去推進的體制（方針管理）。
3. 確實維持日常業務的體制（日常管理）。
4. 部門之間的橫向性活動（機能別管理）。
5. 組織是否朝目標方向去推動的確認機能（高階診斷）。

括號內所記述者，是 TQM 之中經常所使用的方法。以下就這些詳細說明。

1. 品管圈、專案小組的任務

品管圈（QCC）或專案小組，是在各自的現場維持過程，爲了能成爲更好的水準，基於改善的目的所構成的。將過程標準化再進行維持或改善時，個人的能力是有限的。因此以過程爲單位，由數名人員一起實踐。品管圈與專案小組，由數名人員的小組維持或改善產品（服務）的品質，在意義上是相同的，但目的、歷史的經緯等是有不同的。以下分別說明。

2. 何謂品管圈活動

品管圈是日本在戰後的經濟發展之中誕生，是日本特有的小團體活動。在 QCC 誕生的時代，品質管制是使用 QC 的名稱，所以品管圈是使用 QCC 稱之。QCC 的目的是在相同職場工作的成員，自主地解決自身職場的問題，透過工作發現生存的價值，並且提高個人的幹勁與能力。日本在經濟上發展之時，發揮甚大任務的是製造業，在職場第一線工作的人員，以培育新能力的機會所發展起來的。又從經營的立場來看，雖然也可提高產品的品質、服務的品質，但品管圈誕生之時，成員的成長此面是最受到重視的。

QCC 的目的是成員的成長，已故石川馨博士對 QCC 經常使用的特性要因圖，曾提及與此有關的話題。特性要因圖是將結果與認爲對它有影響的要因，以構造的方式加以整理。石川馨博士曾提及製作特性要因圖的目的是現場的教育。製作特性要因圖時，小組成員相互提出智慧，討論問題的構造。此時，前輩、後輩均一起參與討論，各自具有的片斷性知識濃縮成特性要因圖，成員透過此過程學習了有關對象的過程。

隨著產業構造與教育體系的變化，近年來 QCC 的圈數雖在減少，但活動仍是在持續的。並且，隨著派遣人員的增加，教育也必須持續，將 QCC 視爲教育的場所是有需要重新加以正視的。

QCC 的效果有：
1. 有形成果：可以用數位表現的成員，如：不良率降低、延遲率降低、抱怨次數減少、缺勤率降低、產量提升、成本下降、設備故障減少。
2. 無形成果：圈長、圈員的個人成長，比較不容易用數位表現的成果，如：員工品質意識、問題意識、改善意識的提升、員工對工作產生興趣、員工向心力提升、員工做事更自動自發，更積極。

　　QCC 活動在企業的推進步驟如下：

1. 成立 QCC 推進組織。
2. 確定 QCC 推進的責任部門。
3. 制定推進計畫。
4. QCC 活動骨幹的培訓。
5. 制定發布 QCC 活動的暫行管理辦法。
6. 選擇試點部門，成立 2～3 個小組開展活動。
7. 公司領導、部門領導及技術人員給予支持，幫助解決小組活動中遇到的困難。
8. 舉行成果發表會，並予以適當的表彰。
9. 制定發布 QCC 活動管理規定，在全公司內推廣 QCC 活動。

知識補充站

統計學家的故事

　　查爾斯・愛德華・斯皮爾曼（Charles Edward Spearman）英國理論和實驗心理學家。1863 年 9 月 10 日生於倫敦，1945 年 9 月 7 日卒於倫敦。他大器晚成，1906 年在德國萊比錫獲博士學位，時年 48 歲。回國後，1911 年任倫敦大學心理學、邏輯學教授。1923 至 1926 期間年任英國心理學會主席，1924 年當選為英國皇家學會院士。

　　作為實驗心理學的先驅，斯皮爾曼對心理統計的發展做了大量的研究，他對相關係數概念進行了延伸，導出了等級相關的計算方法。他還創立因素分析的方法，這是他學術上最偉大的成就。他還將之與智力研究相結合，從而於 1904 年提出智力結構的「二因素說」，即「G」因素（普通因素）和「S」因素（特殊因素）。可以毫不誇張地說，斯皮爾曼的名字幾乎成了「G」因素或「S」因素的代名詞。他反對聯想理論，著有《智力的性質和認知的原理》、《人的能力》、《創造的心》等。

　　以斯皮爾曼的解釋，人的普通能力系得自先天遺傳，主要表現在一般性生活活動上，從而顯示個人能力的高低。S 因素代表的特殊能力，只與少數生活活動有關，是個人在某方面表現的異於別人的能力。一般智力測驗所測量者，就是普通能力。

　　斯皮爾曼的這一理論是最早的智力理論之一，把這一理論放到當時流行的遺傳決定論相比，無疑是對智力落後教育的一種鼓舞，智力落後兒童的一般智力低於正常兒童是絕對的，但是也有些特殊兒童擁有一些特殊的能力，因此對智力落後兒童教育的可能性在理論上給予了支持。但是要指出的是改變理論無疑過於簡化和不成熟，因此又無法給智力落後教育帶來更多的方法的改進和原則的探索。

3.專案小組

專案小組是針對特定的問題組成小組謀求它的解決。此小組的名稱，有許多取決於組織。QCC 是舉出與現場有密切關係的問題，相對的，專案小組是針對較大規模的問題或跨部門的問題。以組織型態來說，是以日常的組織為基礎組成小組，或不同於日常組織組成跨部門的小組。

改善的執行需要有統計手法等的知識，因此，成為專案核心的成員需要高級手法的教育，以及支援的成員需要有基礎手法的教育。以基礎手法來說，有先前所介紹的QC 七工具、改善的步驟、基礎的統計手法。另一方面，專案的核心成員，除了基礎的手法外，像實驗計畫法、多變量分析等的教育也是需要的。

以日常組織為基礎構成的小組所進行的改善活動，與跨部門所構成的小組所進行的改善，有互為表裡的優點、留意點。以日常管理作為基礎時，容易取得全員參與之意識，並且對日常性管理的體制也較為熟悉有此優點。另一方面，被日常的工作所束縛，而難以實現大膽的改善也有此等問題點。

跨部門的小組所進行的改善，與此相反，能大膽地從事改善，相反地，會有脫離日常業務的情形，不熟悉日常業務的情形有很多。

將這些的概要加以整理如表 20-1 所示。在實際的現場中，考慮這些均衡後再推進甚為重要。日本的組織是以日常組織為基礎推進改善的較多，相對的，美國或歐洲脫離日常組織推進改善的似乎較多。

表 20-1　在改善小組的組織構成所見到的優點、留意點

	優點	留意點
以日常組織為基礎	與日常管理有密切關係的改善較為容易	受制於既有的系統，大膽的改善較為困難
脫離日常組織	利用系統的變更等大膽的改善容易	在日常管理之中的改善活動有困難

以日常組織為基礎呢？或脫離日常組織呢？有互為表裡的優點、留意點。

4.改善提案制度

為了促進 QCC 或專案小組的活動，也有引進提案改善制度，這是從業員在某期間內，提出能在自身的職場中改善的方案。並且，為了獎勵提案，配合獎金制度實施的也有，這些也可以說是有組織地推進改善的體制。

改善提案制度的流程如下：

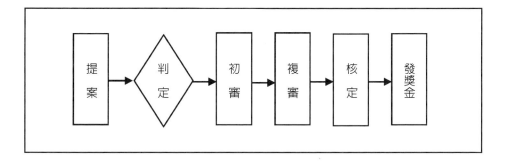

20-2 方針管理

1.方針管理是什麼

所謂方針管理是為了實現從組織的理念、願景等，到高階所決定的品質方針，將它展開成中長期的目標，再展開成短期的、部門的層級，有效率達成目標的一連串活動。此處所說的品質方針，是指決定組織的方向。直截了當地說，所謂方針管理是對組織所決定的方向，使組織能形成一體的活動。將此以模式來表現者，即如圖 20-1 所示。

各個箭頭是表示各部門中的活動、改善的方向。如圖 20-1(a)，如果各自的改善方向零零散散時，以組織來說就無法朝向有效果的方向進行。因此，為了組織能順利進行，有需要使方向一致，此即為方針管理。

譬如，也考慮環境與社會高水準品質，以實現顧客滿意作為方針提示時，依據技術動向、經濟環境展開成中長期目標，接受它之後再展開成短期目標。並且，各個部門在接受這些目標後，就要決定應該實現哪些事項。

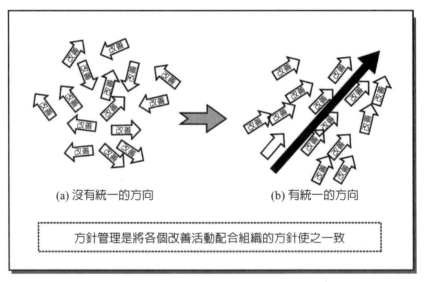

(a) 沒有統一的方向　　　　　(b) 有統一的方向

> 方針管理是將各個改善活動配合組織的方針使之一致

圖 20-1　方針管理的功能

2.方針展開例

某汽車零件製造公司，檢討理念、策略之後，提出削減成本 20% 的目標。對於削減此成本 20% 來說，表示展開的過程者如圖 20-2 所示。

在此圖的例子中，爲了削減成本 20%，企劃部門企劃出不使用材料也行的省資源化產品。又，開發部門發現在輕量新素材上削減其成本的方案，提出削減重量 10% 與提高強度。通常愈重就愈強，因之挑戰相剋的命題是開發部門的工作。

像這樣，爲了與上位方針相整合，將方針向各部門去展開，並表示出實現它的方案。此時，並非高階單方面的決定，有需要與部門的主管商討並根據各部門的能力再決定。

方針管理並不只是將組織級的方針展開成各個部門的目標，適切地轉動 PDCA 的循環是有需要的。亦即，方針的制訂或向各部門的目標展開是相當於計畫（P）。接著是依據計畫實施（D），這與敘述的日常管理也有關聯，依據先前決定的方案從事活動。接著是確認（C），確認方針管理中所決定的目標是否達成，這可在部門層級中實施，又重點方案可作爲高階診斷的主題。高階參與到何種地步，取決於組織的規定。一般來說，重要的是要利用高階診斷等，並且高階有需要自己去確認。

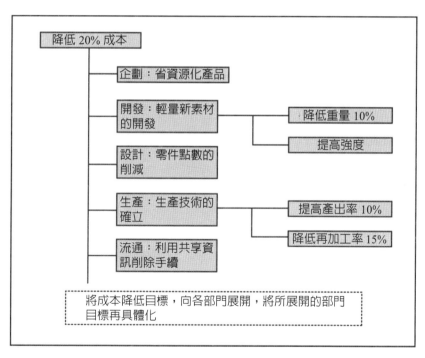

圖 20-2　成本降低中方針展開例

斟酌實施結果，基於它採取處置（A）。具體來說，要查明能達成與不能達成的地方，目標能達成時，考量其理由並思考今後是否能持續達成。另外，目標無法達成時，查明為何無法達成，是目標高不可及呢？是方案不佳呢？無法依據方案實施呢？有各種可能性，需正確區分符合哪一項。接著，取決於為何無法實施再去改訂方針管理的體系。又，依據方案實施結果也不佳時，要檢討方案本身。像這樣，再次進行方針的展開決定方案再去實施。

3.方針管理的重點

最後，整理方針管理的重點。方針管理是由以下 2 個概念所構成的，即「將來自於理念的方針、方案向組織全體去展開」與「PDCA 的有效實踐」。這些聽起來似乎是理所當然之事。但不管是 TQM，或是其他的經營管理活動，並無魔法那樣的東西。確實地實踐理所當然之事的體制是需要的，方針管理是相當於此。

方針管理並非限定於品質的體系。像環境或成本降低等，它是整個組織為了綜合地推動所需的大眾運輸工具。所以在方針管理之中，可以舉出對環境、社會的貢獻、成本等各種議題。

方針管理可當作將以往的作法使之更加完善的體制來使用，在此意義上可稱之為「動態管理」方法。另一方面，組織並不只是動態管理，維持一般作法的「靜態管理」也是需要的。關於此，日常管理即成為有效的工具。

方針管理在日文中稱為 Hoshin Kanri，英文則稱為 policy management。方針管理被認為是全面品質管理的有力支柱，也可認為戴明循環在管理流程中的具體應用。方針管理的實施步驟可分成方針的制定與展開，方針的實施、方針的稽核，方針的檢討。方針管理活動是著重在管理階層的活動，日常管理活動則是著重在基層的活動。

Note

20-3 日常管理

(一) 何謂日常管理

所謂日常管理，以組織而言為了使之能確實執行，每日應進行的事項所需的管理活動，就像平常的「應該要變成如此，可是奇怪的是……。」那樣，是否有未實踐理所當然的事項而困擾的事情呢？為了不要有此種事情，能確實地實踐過程每日進行的管理即為日常管理。先前的方針管理是使現狀朝向更好的方向的動態性管理，相對的，日常管理是固定目標使之能確實實踐它的靜態性管理，各個部門確實地實踐原本應該要做的事項是目的所在，因之此活動是各部門去實踐。

日常管理是維持良好狀態的方法。方針管理列舉的課題大多是使結果變得更好，像改善、滿意度提高等，相對的，日常管理是維持良好狀態所需的體制。整理此概要即為圖 20-3。譬如，大飯店列舉滿意度的提高作為方針管理的課題，為此設定接待員的應對方法，與顧客的連絡方法等相關對策是有效的。對此情形來說，今後要將有效果的應對方法標準化，並維持它的狀態，此維持即為日常管理。此外，日常管理也與方針管理一樣，並非只以品質作為對象，它的管理對象是多元紛歧的。

(二) 日常管理的要點

引進日常管理後，要有效地維它的體制，有幾個重點，以下從中鎖定在重要的 4 點進行解說。

日常管理的手段就是標準化，因此日常管理的實施，必須按標準行事。

策略決定了企業要做對的事，日常管理則是把對的事情做好。日常管理的主要內容則有：

1. 訂定各部門任務、職業、績效衡量指標。
2. 建立各部門日常管理要項（管理項目、管理基準、管理方法等）。
3. 建立各部門標準化的管理體系。
4. 進行部門內的專案改善與流程的簡化。
5. 透過管理指標與管理報表之資訊，使主管確切進行日常管理與改善。

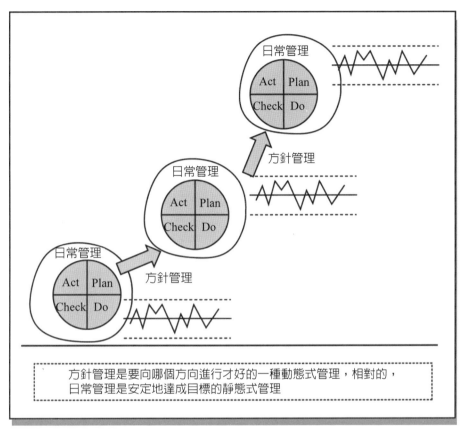

圖 20-3　方針管理與日常管理

1.引進後PDCA的實踐

　　引進日常管理後，為了有效地維持它的體制，考量依從 PDCA 的管理體制是基本所在。譬如，改善大飯店的服務時，要如何維持它的改善狀態，就要研擬計畫（P）包含教育在內，基於它來實施（D）。接著，確認（C）時，要考量顧客滿意是否如目標的水準，視需要採取處置（A）。

2.日常管理的基本是標準化

　　日常管理的基本是標準化。以組織來說應明確需要實施的事項，為了能確實地實踐，標準化是基本所在。日常管理未能順利進行時，要正確地斟酌標準是否妥當？是否依從標準實施呢？再採取處置。

3.監視並管理過程與結果

在考察日常管理方面,如圖 20-4 所示,觀察輸入、過程、結果是否處於管制狀態是很重要的。以大飯店爲例,顧客滿意的水準是結果。因此,利用顧客滿意度調查的結果,來監視結果,結果的指標稱爲管理項目。

另一方面,只是如此是不夠的,對顧客的滿意有甚大影響的要因或輸入也要監視。櫃台中能以英語應對人數,是考慮國際應對的過程指標。像這樣,對過程也要管理,這些稱爲要因的管理項目或點檢項目。

4.防止僵化的檢討

不限於日常管理,認爲理所當然可行的項目,常有任性地自認爲「應該可行」、自以爲是、形式化、僵化的傾向。爲了防止形式化、僵化,需要各種的對策。譬如,定期地提出高階診斷中所討論的項目。又,在美國的組織裡,活動的內容不太改變,似乎以改變名稱打破僵化爲取向。

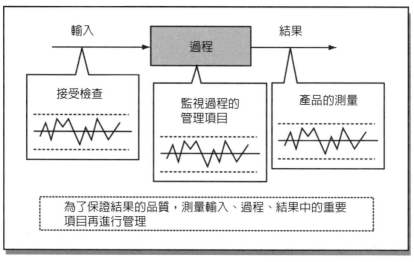

圖 20-4　輸入、過程、結果

Note

20-4 機能別管理

1.機能別管理的目的

所謂機能別管理是爲了打破企劃、研究開發、設計、生產、營業、流通等各部門的障礙，以品質、成本、生產量等的機能爲中心，跨部門實踐的管理活動。從其活動實態來看，也有稱爲跨部門管理（Cross Functional Management）。此處的機能（Function）其意是指品質、成本、生產量等。

儘管知道要打破部門間的障礙，但實際上要消除它並不容易。典型的例子像「設計部門說賣不出去是企劃不好，企劃部門說是設計不佳」，或是「設計說是生產不佳，生產則說是設計不佳才發生不良」。有關此種部門間不整合的話題，不勝枚舉。

因此，留意著與跨部門有關的話題，根據它進行管理。圖 20-5 是表示機能別管理的概念。企劃、研究開發、設計、生產、營業、流通等部門內部的活動，是以日常管理爲基本，以縱式組織的活動來表現的也有。相對的，品質、成本、生產量等的活動，當作橫方向的活動來表現。像這樣，準備好跨部門的活動，打破部門間的障礙，像資訊的授受等，使之順暢地進行活動。

2.活動的實際

機能別管理的實踐，是針對品質、成本、生產量等設置委員會。委員會的成員是由企劃、研究發展、設計、生產等各部門所屬的人員所構成。各個委員，接受公司內部方針展開、部門立場等的資訊，從各自的立場提出意見進行討論。

3.機能別管理的重點

第一個重點是如何構成跨部門的組織。跨部門委員會或小組，也有以日常管理爲基礎以兼任的方式來承擔，也有與日常管理完全脫離，當作特別的專案來考慮。這如表 20-1 中所介紹，有互爲表裡的優點與留意點。

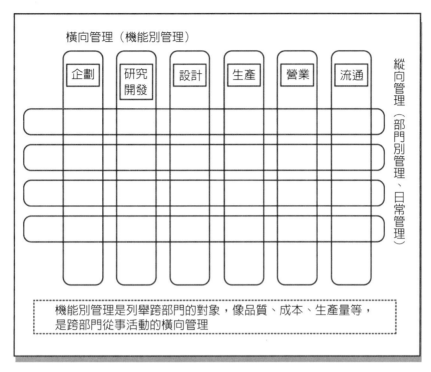

圖 20-5 機能別管理是跨部門的活動

　　像前者以日常組織為基礎來考慮時，各部門的意見可以強烈反映，可以期待確實達成，對大膽的改革來說，因為來自對部門的歸屬意識不得不搖擺不定。另一方面，脫離日常組織時，可以期待大膽的改革，而原本的目的「吸取部門的想法，跨部門地活動」是否能順利進行就不清楚了。基於這些，有需要考慮跨部門的專案形成。

　　第 2 個重點是機能的實踐是在各個部門中進行。實踐機能別管理所決定的事項是各部門。換言之，從事活動的是自己，各部門如果沒有此意識時，機能別的活動就無法順利進行。

　　第 3 個重點是機能間的調整。各機能常常過度主張各自的重要性而有不相讓的狀況，那樣組織是動彈不得的。因此，使之與方針管理相連結，以何種的平衡去考量品質、成本、生產量等，有需要以組織明示重要與否。

20-5 高階診斷

1.高階診斷的目的

所謂高階診斷是針對品質、成本、生產量等組織全體的方針,它是否確實地被實踐,親赴現場進行綜合診斷的一種方法。高階在組織中的任務,有各式各樣的。像決定組織應進行的方向、決定組織的主張、建立體系使組織能按決定的方向確實進行等。

高階除了有許多權限外,也有各式各樣的責任。另一方面,只要是高階,全天工作是不會變的。那麼組織的高階對於依據自己所決定的方針的組織運作來說,要將重點放在哪一個活動?哪一個活動可以授權給部下呢?

高階必須要進行的任務,首先是決定組織的方向。接著,對於重要事項,要確認結果的妥當性。只要決定出決策的方向時,往後就交給執行部門或許是可以的,但組織並非如此簡單就能運作。因此,高階診斷要訪問幾個現場觀察其實態。

高階診斷較為詳細的意義是:

(1)以眼睛觀察掌握各個部門的實態,有助於今後的決策。

(2)察覺在會議的報告中未顯露出來的事項。

(3)拉近現場與高階的距離,使組織的連續良好。

(4)根據親身體驗的資訊,作為考慮今後方針的基礎資料。

將以上整理時,高階尋找問題並非重點,表示其姿態組織形成一體推進活動才是目的。

高階診斷的功能,並非 TQM 特有的作法。高階診斷是在 TQM 中也可使用的重要活動,診斷項目包含與品質有關的經營項目,從 TQM 的觀點來看,高階診斷是非常重要的。

2.高階診斷要點

高階診斷的要點有許多,從 TQM 的立場可以舉出:

(1)與方針管理一體化後再進行。

(2)調查過程。

方針管理中確定為重要的事項是否適切在進行?以及實際運用的過程是否確實?有需要考量。當然在這些的診斷中,不要流於形式也是要留意的地方。

3.診斷事項

高階診斷中提出來的是組織的重要事項、組織當然要實施的事項。就前者來說,重點有:

(1)專案的進行狀況。

(2)方針管理的運作狀況。

特別是從與方針管理的整合性之立場來看,有需要考量:

(1)上位方針與部門方針的整合性。

(2)方針內容的適切性以及與上年度實施事項的整合性。

(3)實踐能力與成果。

又從基礎體力的側面來看，提高能實踐與日常管理有關聯之事項與改善之能力。基於此意，可以舉出如下項目：

(1)改善的推進能力。

(2)教育訓練與其實施狀況。

(3)過程異常、事故的發生狀況。

(4)標準的改廢、工作的改善狀況。

(5)提案改善件數、QCC 實施狀況。

以上，列舉出檢查項目，除此之外，有需要以態度表示高階認爲重要的事項。

高階診斷是日本式品管的獨特作法。其目的是高階的瞭解現場品管推行情形，若有困難，可以適時、及時地提供、協助，另一方面，高階的參與，對現場而言也是有鼓舞的作用。

Note

第21章
各階段TQM的重點

21-1 品質保證體系的配備

1.何謂品質保證體系

　　組織全體要有效果地推進 TQM，需明確地計畫（P）各部門關於品質應實踐的任務，基於它著手實施（D），再確認（C）其實施是否妥當，而後有體系地採取處置（A）是有需要的。至提供產品、服務為止的過程，如圖 21-1 是企劃、研究開發、設計、生產準備、採購管理、營業、物流（或稱配銷）。在這些的階段中，TQM 的有效推進是很重要的。

　　在服務方面，對應生產準備的是教育，名稱有少許的改變，但基本上是與圖 21-1 一樣的過程。又，企劃與研究開發的順序關係雖有一些差異，基本上仍是圖 21-1 的過程。對於這些的一連串過程，讓各自的任務明確，依從組織的方針，以提供良好品質的產品或品質佳的服務為目標。

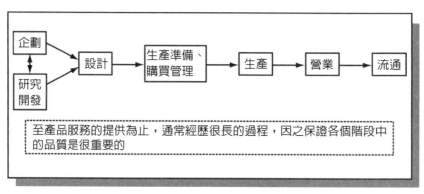

圖 21-1　典型的產品提供過程

2.品質保證體系的配備

　　為了彙整各個過程的任務，經常使用品質保證體系圖。品質保證體系圖的概要如圖 21-2 所示。名稱不同的情形也有，但在考慮提高品質的組織上，以實體而言均是建構如此的體系。如被問到「品質保證的體系情形如何？」要如何回答才好呢？最直接的回答是提示此品質保證體系圖。

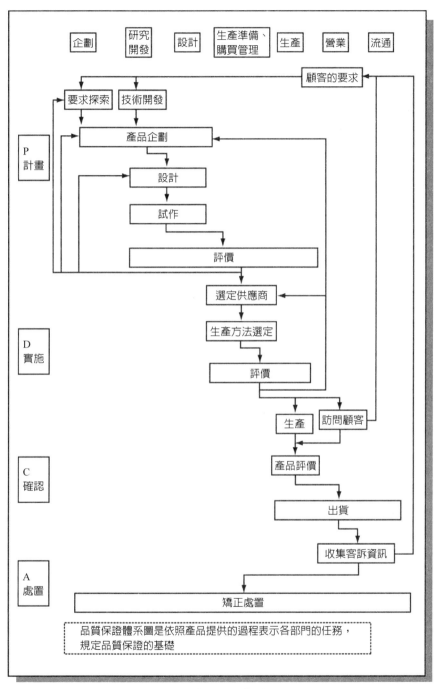

圖 21-2　品質保證體系圖的概要

　　品質保證體系圖中某一方的軸是提供產品、服務的 PDCA，另一方的軸是對應部門。在圖 21-2 中，縱軸是 PDCA，橫軸是部門。爲了明確高階的任務，在品質保證體系圖也有包含經營層、經營企劃室的情形。

　　企劃、研究開發、設計、生產準備、採購管理等，是屬於生產產品的企劃階段（P）。接著，進行生產，並實際進行營業活動，讓產品物流。此如從組織全體來看時，是屬於實施（D）階段。那麼，確認（C）、處置（A）是什麼呢？確認是自我評價或顧客的評價，或第三者評價。並且，基於由經營者確認之意，也實施高階診斷。此事以組織來看時，即是確認組織是否依從品質方針在運作。接著，基於此確認的結果，視需要，組織採取矯正的處置。

　　組織全體有 PDCA，其內部在各個部門中也有 PDCA。譬如，只著眼於生產階段時，計畫（P）如何作出多少的產量，基於此計畫從事生產（D），接著評價生產的結果，視需要從事改善活動等的處置（A）。

3. 提升過程的速率

　　在產品、服務的競爭非常激烈的現在，提升企劃、研究開發……，一連串過程的速率是一項課題。對於此過程的速率提升，可採取如下方案。

　　(1)提升各個過程的速率。

　　(2)將各個過程並列化進行。

　　關於 (1) 的關鍵是在於標準化。譬如就設計來說，適切區分新的設計部分與過去設計的沿用部分，對於過去的設計部分來說，使用過去已標準化之設計，即可讓過程的速率提升。又對於 (2) 來說，事前預測於並列化時可能會發生之問題點，儘可能在上游階段消除這些問題，此種預防甚爲重要。對此來說，後述的「設計審查」是很有效果的。

Note

21-2 研究開發、企劃階段

1.研究開發、企劃階段中的要點

在研究開發、企劃階段中，TQM 的要點是探索顧客滿意的產品或服務，開發能實際提供它的技術。換言之，這些過程的產出是產品的企劃案與技術力，它的好壞是以能否實現顧客滿意，以及是否符合組織的方針來評價。

研究開發、企劃何者先行，取決於時間與場合而定。有了顧客要求，爲了實現它而從事研究開發時，稱爲「需求導向研究」（needs oriented approach），另一方面，如有基礎的技術力，爲了將它商品化的研究，稱爲「技術種子導向研究」（seeds oriented approach）。何者是好、何者是壞無法一概而論。總之，符合顧客要求，而且產品、服務有實現性是很重要的。只見到顧客的要求，就會有企劃部門過度膨脹之虞。如只考慮技術時，研究開發部門恐有孤芳自賞之嫌，考慮這些之平衡再實踐是有需要的。

2.探索顧客要求的要點

企劃階段對於顧客期望什麼？(1) 一面考慮與開發部門共享資訊，(2) 一面綿密地掌握顧客的要求甚爲重要。就 (1) 來說，開發部門、企劃部門不要各自獨立，攜手合作的活動是很重要的，(2) 的要求事項的探索，行銷機能是很重要的。

要周密地調查 (2) 顧客的要求，不光是顧客的顯在化要求，探索潛在化要求之同時，也要將它們按階層構造加以整理。以探索顯在化要求或潛在化要求的方法來說，有假想的產品調查、訪談調查、問卷調查等。

顧客的心聲是非常曖昧不清的。譬如，儘管 A 先生與 B 先生都說「好汽車」，此兩人並不一定指的同一件事情。以大飯店的櫃台服務爲例，顧客的要求像是「應對差」、「很難聽清楚電話的聲音」之類，一般是含有不同階層的要求。「很難聽清楚電話的聲音」是「應對差」的一部分。如果一直殘留著模糊不清的要求時，在下一個設計階段就會不知道要如何做，顧客才會滿意，設計活動就無法順利進行了。因之，就作爲對象的產品、服務來說，將其要求按一次、二次、三次那樣，按構造的方式去展開的方法是經常使用的。

表 21-1 是說明大飯店的櫃台服務中顧客要求的例子。在此例中，將受理的服務業務分成登記（check in）、與核對預約。接著，對於登記來說，一次要求有「登記的正確性」、「速度」、「應對柔軟」。並且，對於「登記的正確性」來說，二次要求展開成「意圖可傳達」、「容易理解」等。像這樣，將服務按一次、二次展開，以巨細靡遺且構造式的整理顧客的要求。

最後，企劃部門並非只要見到顧客就行，來自營業階段的回饋也是很重要的。營業階段經常有實踐顧客滿意度調查的作法。顧客滿意度調查，從某個角度看，可以看成是確認企劃、設計、製造的好壞的一種方法。關於其實踐，容於「營業階段」再行說明。

表 21-1　大飯店的櫃台服務中顧客要求的展開例

主要業務	過程	1 次要求	2 次要求
受理	登記	登記的正確性	意圖的傳達
			容易了解
			正確的說明
		速率	迅速說明
			對詢問迅速回答
		應對柔軟	和氣
			穩重的氣氛
		⋮	
	與預約的比對	預約的確認	
		⋮	
	房間費	⋮	
洽詢	掌握意圖	⋮	
	回信正確		
支付	⋮		

品質機能展開（quality function deployment）是日本式品管常用的技術，利用此技術可以適切掌握、消費者的要求，進而提供給設計、製造等部門作爲設計、製造的參考。同時，也可作爲橫向連繫的橋梁。

21-3 設計階段(1)

1.設計的功能

設計的主要機能是接受企劃部門與研究開發部門的資訊，一面考慮產品的生產能力、服務的提供能力、成本，一面決定顧客能夠滿意的產品、服務的規格。所謂產品、服務的規格，如果是產品是指規定長度、重量等產品的狀態，又如果是服務時，仔細規定提供資訊的內容、對顧客的應對方法等。譬如，設計事務處理過程時，如不考慮事務處理的速率時，實際的事務處理就會延誤。並且，成本由於反映在價格上，因之考慮品質之同時，成本也有需要控制在一定水準之下。像這樣在設計階段中，經種種考慮後再決定品質的規格。

2.設計階段應控制的要點

設計階段在決定規格時，從提供更好的產品、服務的立場來看，「企劃部門與生產部門密切溝通」、「如有問題儘早提出」此兩點甚為重要。

首先，企劃部門、生產部門、服務提供部門之間要密切溝通，是為了使產品、服務的規格不要成為設計者的自我陶醉、自以為是，要從顧客的要求、生產能力、成本去實現綜合面的最佳平衡。顧客的要求，通常是像「容易使用的產品就好」那樣地模糊不清。企劃部門儘管將要求如表 21-1 那樣展開，它仍是將顧客的模糊不清的要求予以構造化無法決定規格。因此，將顧客的心聲展開成產品、服務的具體規格是有需要的。因之下節要介紹的品質機能展開之工具甚為有效。

其次，問題的早期檢出是重要的理由。譬如，以產品來說，在開始生產的階段，如查明設計上的問題時，那麼生產準備階段的辛苦也是白廢的。又，至目前為止所生產的部分全部必須修改。另一方面，同樣的問題如已在設計階段發現時，那麼在設計階段經修改即可解決。像這樣，過程進展之後才發現問題，事後的修正是要花費膨大的時間的，服務也是如此。設計服務項目之後，為了提供服務完成了從業員的教育之後才發現問題時，從業員的教育就變成白費。因此，為了早期檢出此問題，設計審查是有效的。

3.何謂品質機能展開

所謂品質機能展開（Quality Function Deployment, QFD）是按階層整理顧客的要求，將它們變換成對應產品規格之特性的一種工具。圖 21-3 是以英語補習學校為例，說明品質機能展開的概要。首先圖的縱軸是展開顧客的要求，顧客的要求幾乎是模糊不清，並且在階層上也未整理。

將模糊不清的顧客要求，儘可能巨細靡遺地並且考慮階層來整理是有需要的，實踐此作法即為圖 21-3 的縱軸，將要求按一次、二次、三次向細部去展開。

另一方面，此圖的橫軸，是有關決定產品服務之規格的特性。學習計畫、學習方式是提供服務一方，表示要決定之品質的特性。如果是產品，那麼尺寸、材質等即與它相當。

接著，中央部分是表示對服務的要求與服務的品質特性有何種關係。中央加上圓圈的地方是表示要求與質特性的對應是密切的。此中央部分的品質表，譬如是表示留學費用的多寡與留學期間有對應關係，並且場所也有關係。

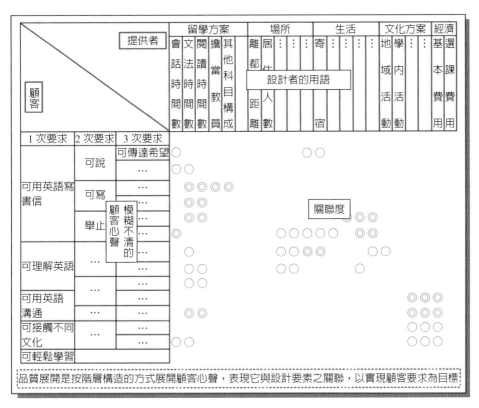

圖 21-3　英語學習學校的品質機能展開例

21-4 設計階段(2)

　　企劃階段掌握此圖中縱軸的顧客要求的構造，再決定所重視的要求。另一方面，設計階段要滿足要求，利用中央部分的對應關係，並且也考慮生產階段的能力，針對這些特性決定出要作成何種規格。譬如，決定教育計畫的構成需要如何？班級的人數需要幾個人等。

4. 設計審查

　　所謂設計審查（design review），是為了盡可能在上游階段檢出產品、服務的問題以採取對策，在設計達到某種程度的階段，聚集與產品、服務有關的人員，斟酌考量設計之品質的活動，圖 21-4 是說明到達設計審查的過程例。在此圖中，顯示出像企劃、研究開發、設計、生產準備、生產等各種部門參與設計審查的情形。

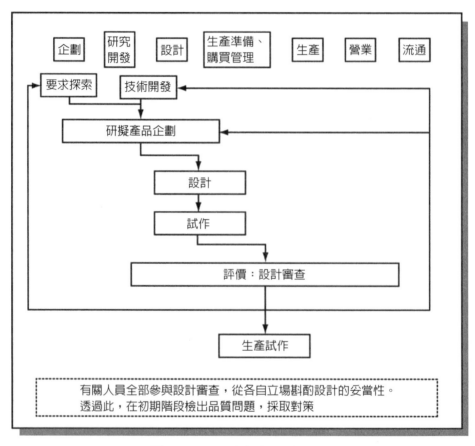

圖 21-4　設計審查的流程例

在圖 21-4 中，縱軸對應時間，橫軸是對應企劃、研究開發、設計、生產準備、生產、營業、物流等部門。如此圖所示，企劃、研究開發結束時，即進入設計。設計在某種程度完成的階段，這些部門形成一體，斟酌對象產品、服務的設計之品質。譬如，從企劃的立場來看，檢討設計是否正確反映顧客的要求；從生產的立場來看，檢討是否可以成為合理生產的規格。

並且設計審查中如有問題時，要重新設計，再重新實施設計審查。使之儘早發現問題，是為了削減解決問題的成本與時間。

圖 21-5 中說明發現問題的階段與解決所花費之成本的關係。

譬如，企劃階段如發現了問題時，那只有重新推敲企劃案。另一方面，如在生產階段發現設計的問題時，需要重新再檢討設計，有需要從中修改。像這樣，愈到下游，愈要花成本與時間。基於此意，為了儘早發現問題，要所有部門均參與設計審查。

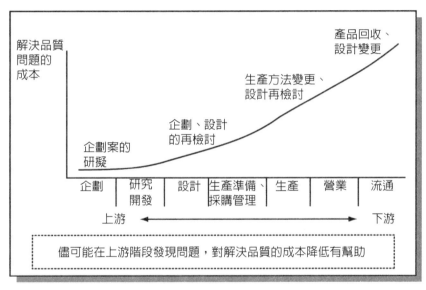

圖 21-5　品質問題的發現階段與解決所在的成本

21-5 生產準備、採購管理階段

1.品質管理上的目的

進入生產、服務提供之前，生產準備階段的目的，是發現「作法」，只要按此作法去做，實際上即可依照目的去生產，或者如提供此作法時，實際上即可依照目的提供服務。

以汽車來想，儘管說設計結束卻也不能立即生產。要使用何種的設備？要作成何種的作業步驟？以及要如何供應零件等，必須要作各種的決定。又以大飯店的服務提供來說，實際提供服務時，如何確保人才？如何進行教育等？服務提供的準備是需要的。

2.生產準備的重點

在考量生產、服務提供的準備上，其關鍵語是「試製」與「標準化」。首先，所謂「試製」是嘗試製作物品看看，或嘗試提供服務看看，再評估其結果的活動。觀察設計階段所決定的設計後，考量要如何設定作法或提供方法，實際嘗試看看。

當評價試製品或試供服務的結果時，像「產品可適切作出來嗎？」、「服務可以提供嗎？」從產品的品質、服務之品質的觀點，以及生產或服務是否順暢，從生產者一方的觀點進行評價。圖 21-6 說明試製品的評價項目之例子。又從生產力的觀點來說，引進的項目像是要多少時間作出來，此種每小時的生產力或作業的容易性等。

在試製階段不管如何做產品仍無法滿足要求時，就要重新設計。試製品或服務的試供之後，直到可以得到滿意的結果為止，要持續著生產準備。然後最終導出可以生產滿意產品的生產方式、服務的提供方式。

其次，要將可以生產滿意產品之生產方式、服務提供方式標準化，亦即，如作業標準或服務提供要領那樣，適切地作成步驟，並且要如何實踐使之明確。此外，為了能依照作業標準或提供步驟實踐，要進行教育。

製作作業標準或服務提供步驟的一方，與依據它作業或提供服務的人不同的情形似乎不少。如果這樣，不能依照制訂一方所想的那樣去實踐，或者不去做的情形也很多。像此種情形，要採取適切的應對，像改訂標準、實踐教育。

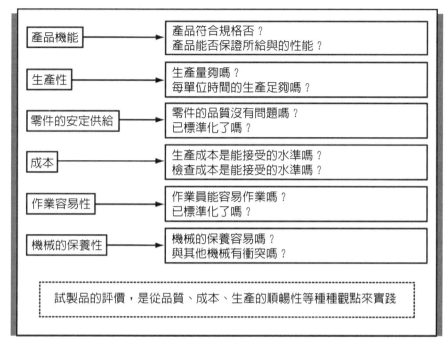

圖 21-6　生產準備階段的試製品評價項目例

3. 採購管理的重點

　　所謂採購管理是選定供應商,查核是否持續供應,如有需要則採取處置的一連串活動。在採購管理中的計畫,是選定今後要採購的供應商。此選定是依據品質、價格、交期等各種觀點的評價去實施。特別評價困難的是品質。關於價格明示○○元容易了解,交期也是「何時為止要××個」之表現,這些都是容易理解的。品質的情形如何呢?各個零件品質,儘管可以評價這個好這個不好,以全體來說要如何評價才好,不得而知的情形經常是有的。

　　譬如,考察料理店選定魚板供應業者的狀況。以供應魚板的公司來說,有魚板 (a) 家與魚板 (b) 家,調查最近兩家魚板的重量分配時,即如圖 21-7 所示。此時如選定 (a) 家時,可讓此家供應從 100 g 到 105 g 重的魚板。另一方面,(b) 家的情形,形成不自然分配。也許料理店指定 100 g 到 105 g,因此只供應此重量的魚板,之後在內部想必會進行處理吧。能安心訂購的是 (a) 家。像這樣,有需要選定能充分滿足要求品質之供應商。

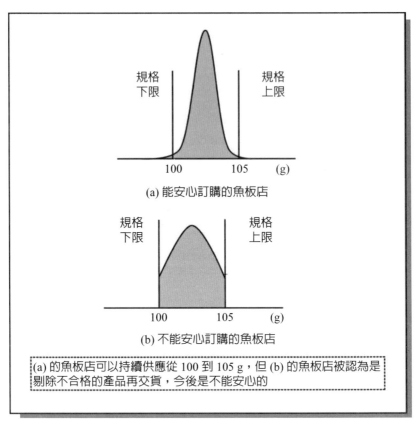

規格
下限

規格
上限

100   105   (g)

(a) 能安心訂購的魚板店

規格
下限

規格
上限

100   105   (g)

(b) 不能安心訂購的魚板店

(a) 的魚板店可以持續供應從 100 到 105 g，但 (b) 的魚板店被認為是
剔除不合格的產品再交貨，今後是不能安心的

圖 21-7　哪一種重量分配可以安心地訂購呢？

　　如選定供應業者時，接著就是實踐採購，確認交貨狀況。在某時點以前是按照要求
交貨，但某時點起，品質變壞的情形也有，此時需要採取處置。此時，「所交貨的零
件不佳，不足的部分要再補交」是應急對策。要採取再發防止對策，有需要將目前的
狀態回饋給供應業者。此時，不要單方面的強迫，謀求資訊共享，建立協力體制的作
法是有需要的。

Note

21-6 生產、服務提供階段

1.生產、服務提供階段的目的與要點

在生產、服務階段中，如依照計畫從事生產或服務的提供，確認其結果是否正確，然後視需要採取處置，此種活動是很重要的。以下分別考察看看。

按照計畫實行，是說按照生產準備所決定的那樣實踐它的作業。在餐廳的情形中，從準備階段所決定的供應商購買材料，以所決定的食譜製作菜色，又接待所決定的步驟去接待客人。

其次是確認生產服務的提供結果。以餐廳的情形來說，確認能否在規定的時間內作出所決定的菜色，可否圓滿地接待客人等。然後，根據確認結果進行判斷，如有需要就需採取處置。

譬如，製作料理的時間比所設想的還長時，查明增長的時間有多少？其次，調查是否按照事先所決定的「作法手冊」製作料理呢？如果是按照所決定的規定製作時，並非料理人的作法不好，而是所設定的「作法手冊」有問題。另一方面，未能按照所決定的作法去製作時，可以想到「料理人知道卻無法做」、「不知道不會做」、「知道不去做」等的情形。「知道卻無法做」時，要檢討標準本身是否作法上有不合理的地方，或者對料理人重新教育製作料理之能力。又「不知道不會做」時，要讓料理人了解作法。像這樣，取決於為何不能做，採取適切的處置是有需要的。

2.初期流動管理

在生產、服務提供階段，先估計到熟悉為止的學習效果再實踐，初期流動管理是有其需要的。以餐廳的情形來說，初次製作料理時，經常是大費周章花了不少的時間。另一方面，一旦熟悉時，即可在短時間有技巧的製作出來。考慮有此種的學習效果，再設定標準時間，並且管理時也是一樣。

設定標準時，有的是以學習效果作為基礎。對於此種情形來說，心中要存有初期階段是會花時間的念頭。又，像銀行的窗口事務，不習慣的人就會花時間，另一方面，已習慣且有技巧的人很快就可結束，考慮此種學習效果是需要的。此外，此處雖以時間說明，而對於產品的品質、服務的品質來說，雖然初期階段不能順利進行，但隨著時間的經過，結果變好的情況有不少。

像這樣，最初的階段需要特別的考慮，它的應對即為初期流動管理。初期流動管理的要點，是在有學習效果的前提下，配備標準額，轉動 PDCA 的循環。

3.維持與改善

結束初期流動管理之後，重要的事情是維持良好的狀態，並且在適當的時機下進行改善。圖 21-8 是說明初期流動管理、維持、改善的概念圖。

在初期流動管理中，如已達到目標時，就要將該狀態予以維持。為了維持，標準化是最重要的。將結果變好的狀態當作標準，依據它從事作業或提供服務，找出能讓顧客滿意度提高的接待方法，將該作法使全員能使用。

　　當已能做到維持時，之後視需要進行改善。那是因為一直提供與現狀相同的產品、服務時，不知何時市場中的產品品質、服務品質的水準相對地就會下降的緣故。因此，動態地、適切地設定目標，設法改善現狀的水準是需要的。為了改善有幾個規則，詳細情形請參閱第 2 篇「改善篇」，此處只說明其原則。也就是：

(1) 要讓結果的變異減少，就要控制要因的變異。

(2) 要讓結果的平均改變，就要讓要因的平均改變。

(3) 有異常的狀態時，就要將異常狀態與正常狀態相比較。

　　為了改善，首先要查明結果成為如何，再依據 (1)、(2)、(3) 推導出適切的對策。

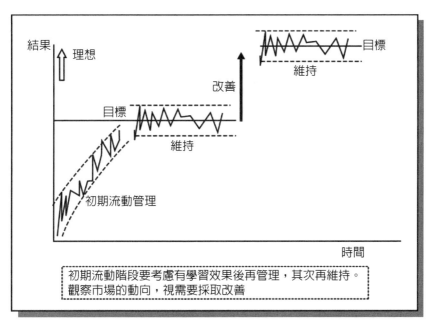

圖 21-8　初期流動管理、維持、改善的概念

4.作出好物品時成本會下降

作出好的物品時，綜合的成本會下降。這是從 1970 年代起開始被接受的想法。在那之前，與其作出好的物品，不如將心力放在檢查，防止不合規格的產品流出，最終而言成本即可下降的想法是主流。此傾向在專家主義及本位主義之想法甚強的歐美非常明顯。可是，基於許多的事例與經驗可知，儘可能在上游階段發現不合格品的作法，其綜合的成本較小。

關於品質的成本，可以大略分成預防成本、評鑑成本、失敗成本。另外，失敗成本又分成在外部發現失敗時的外部失敗成本，以及在內部發現失敗時的內部失敗成本。所謂預防成本是為了不使品質失敗所投入的成本，所謂評鑑成本是評價品質時所花的成本。

一般以成本的構造來說，在上游階段發現失敗，綜合的成本較小。並且，外部的失敗成本比內部失敗成本出奇的大。內部的失敗成本只是材料費、用人費等，但外部的失敗成本除此之外還要加上回收、保證等各式各樣的成本。因此，儘可能及早地發現失敗是有需要的。

5.檢查也很重要

只是依賴檢查，想完美的作出品質是不可能的，但檢查活動卻是非常重要的。防止不合規格的產品流到市場是檢查的主要目的。其次，檢查的紀錄是有關品質的數據，有助於各種的改善活動。另外近年來，提示自己過程的正確性，取得顧客安心的一面也有。此時，基本所需的是檢查數據。在 ISO 9000 系列的規格中，與檢查有關的要求甚為嚴格即為其例。不要單純地把檢查想成只是調查、區分不合規格者，它仍是具有種種任務，此點是要理解的。

檢查雖然重要，但過程管理更為重要，檢查就像小時候學走路需要學步車輔助，但隨著年齡的增長，必須要學會靠自己，加強自身的管理才行，品管也是如此，產品開發初期，品質尚未穩定，加強檢查是無可厚非的，但隨之品質日趨穩定，就不能一直依賴檢查行事了。

Note

21-7 營業階段與庫存、物流階段

(一) 營業階段

1.探索顧客的評價與潛在要求的營業部門

營業階段中 TQM 的目的,是探索顧客對產品、服務的顯在化評價以及潛在的要求。以前顧客的要求較為單純。譬如,以 1970 年代來想,要求車子不故障能行駛,電視不故障可收看之此種單純要求。可是,到了 21 世紀之後,這些要求變得更為複雜化、高度化。探索顧客的潛在要求,獲得基礎資訊即為營業部門的功能。

在當然品質、魅力品質中,本質上要認識品質時,可用二元的方式掌握物理上的充足狀況與個人主觀的滿意度。過去物理上如果充足時,顧客就可獲得滿足。可是,現在車子沒有任何問題可以行駛是理所當然的。如果不能行駛,就是不滿的原因,雖說能行駛卻無法獲得積極的滿足。企業的課題是在確實達成此當然品質之後,就要創造出顧客感動的魅力品質,因之對營業部門來說,仍有收集顧客心聲的重大任務。

2.收集顧客的心聲探索新的服務

與顧客最接近的是營業部門。當想要改善已提供的產品、服務時,第一線索即為營業部門所收集的顧客心聲。針對顯在化的不良品或客訴資料要優先應對。顧客所希望的「非這樣不可」積極表現的意見,可當作顯在化的顧客不滿來掌握。並且,如圖 21-9 所示,要有「顯在化的客訴只是冰山一角」的認知,儘可能將冰山浮出水面是很重要的。

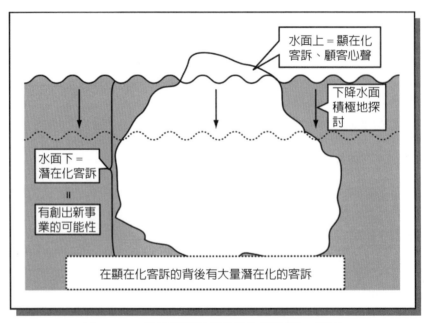

圖 21-9　顧客抱怨是潛在化問題的一部分

　　探索潛在的顧客要求的方法，有「觀察顧客的行為」、「不（NO）的記錄」。日本的某個研究專案，提出在秋葉原的咖啡店創出新服務，其中觀察了顧客的行為。該咖啡店位於秋葉原，許多顧客會在電器街購買產品。其中，有幾位顧客不看菜單，就點了咖啡、飲料，之後對飲料並不太關心，卻熱衷於把剛才已購買的產品，從袋中取出來把玩。並且，也出現有「怎麼沒有電源的插頭呢？」之聲音。對這些顧客來說，與其要求解渴、休息的咖啡店機能，不如要的是想使用電源，想馬上看見所買的東西。

　　此咖啡店改裝店面引進試用區之後，評價變得非常高。這在圖 21-9 中可以想成是將水面下的冰山即潛在化的顧客心聲積極地取出，創出新服務的例子。

　　並且，對顧客的詢問回答「NO」，無法提供的服務記錄也很重要。當被問到「沒有電源的插頭嗎？」，在回答「沒有」時，顧客也許會認為「此處是咖啡店所以沒有辦法」。可是，另一方面，這卻意指商機。對於現在無法提供的服務，回答「不」是沒有辦法的。此處重要的是，記錄此「不」的狀況，可當作創出新服務的想法。

3. 對提供的產品進行顧客滿意度調查

　　在創出新服務方面，收集顧客的心聲是很有效的，相對的，對提供中的產品、服務進行顧客滿意度調查也是很有效的。這是針對產品、服務的重點項目，調查顧客的滿意度。在汽車業界中有 JD POWER 公司的滿意度調查。為了調查服務滿意度，使用問卷的大飯店有不少。此調查結果，作為大飯店提供服務的參考，對今後的改善活動等均有幫助。

4. 與其他部門的合作

　　以營業部門與其他部門合作的方式來說，將顧客的心聲、滿意度回饋給企劃部門、設計部門、生產部門是有需要的。譬如，如果是潛在性的要求時，將該資訊傳達給企劃部門。與規格有關之事項，即向設計部門去展開資訊。另外，認為是生產上的不當資訊，即傳達給生產部門。換言之，圖 21-10 所示，考慮顧客的心聲、滿意的狀態，視需要將該資訊傳達給想要的部門，可以說是營業部門的重要任務。

(二) 庫存、物流階段

　　庫存、物流階段，是在進行保管，物流期間為了不損及規定的品質而予以監視、管理是重點所在。一般來說，產品、服務在庫存，物流階段幾乎不會產生附加價值的。

　　由此事來看，基於成本等的顧慮常會惋惜勞務，在產品、服務的安全面上有可能變成致命，這在食品中是非常顯著的。像生產過程中引進 HACCP 等的體制確保安全性，物流階段是很容易疏忽的。為了避免此事態，在庫存、物流階段，設計可確保品質的作法，依據它視需要採取處置，貫徹此種管理的原則是有需要的。

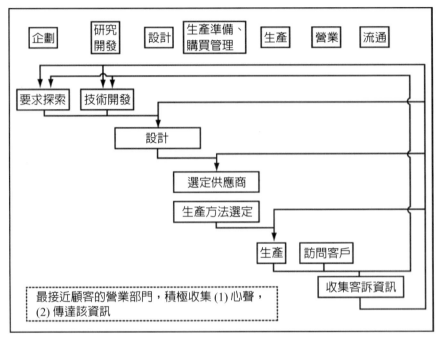

圖 21-10　TQM 中營業部門的任務

1.庫存階段要考慮時間性的變化

　　從品質的層面來看，庫存期間中爲了不使機能劣化，有需要持續性地善加保管。一面考慮品質的時間上變化，一面設定適切的庫存保管方法，依據它從事管理。並且，經常監視結果採取必要處置，轉動此種 PDCA 循環。

2.物流階段資訊共享甚為重要

　　物流階段不僅自身的組織，像輸送業者發揮它的機能的情形也有，因之各自機能的分擔與資訊的傳達是很重要的。當運送食品時，說出「要在 –10℃以下」，與傳達「因爲是新鮮的魚，所以要在 –10℃以下」，聽的一方的意義有所不同。前者只是告知希望作什麼，相對的，後者除此之外再加上爲什麼要這樣。

　　並不需要將所有的資訊都流到運送負責人。可是，確實地將保管、輸送方法告知業者，使之能確實地達成所規定的處理。因之，查明產品的主要品質、服務的主要品質，有需要過濾出對機能會造成影響的要素。

第22章
TQM的模型與其效果的活用

22-1 ISO 9000系列規格

1.ISO 9000系列是什麼

　　所謂 ISO 9000 系列規格是由國際標準化機構所規定的，有關品質管理系統的一系列國際規格。國際標準化機構的英語名稱是 International organization for standardization，基於希臘語意謂「平等」之意的 ISOS 與語感等之理由，並非 IOS 而是簡稱為 ISO。ISO 9000 系列有規定用語的 ISO 9000；為認證而規定要求事項的 ISO 9001；表示績效改善的指針的 ISO 9004；除了 ISO9001 品質管理系統，還有 ISO14001 環境管理系統；ISO22000 食品安全管理系統等，都是以 ISO9001 管理系統為架構發展而成。

　　談到國際規格，最有名的是針對產品的國際規格。譬如，A 國也好、B 國也好，均使用相同的螺絲，是因為有國際規格的緣故。使用國際規格時，任何國家均以相同的規格在生產、使用，所以能夠國際共存甚為方便。成為國際規格者，並不只是產品規格。譬如，有規定數據的統計處理方法，對管理系統也有規格。此 ISO 9000 系列是有關管理系統的規格，管理系統規格並非像產品規格那樣規定產品本身，而是組織為了達成所規定的方針、目標，就管理體系予以規定。具體來說，方針、目標的制訂、實現的過程、實施持續的改善等均為其對象。又 ISO 9000 是以製程（process）的輸出定義產品，不管硬體的產品或服務均包含在內，稱為產品。

2.第三者認證與其優點

　　ISO 9001 成為在 ISO 中最受矚目的規格，其最大的理由是有第三者認證的此種架構，審查產品的生產者、服務的提供者在管理系統上的能力，有助於組織與顧客的交易。此聽起來像是非常複雜的體系，但在日常生活中也經常使用。

　　譬如，測驗英語能力的全民英檢或 TOEIC 等即為其例。像英檢或 TOEIC 等，為了顯示英語的能力而接受測驗，它的測驗成績對入學、進入公司等有幫助，不是為了進入英檢的組織或 TOEIC 的組織而接受測驗。亦即，英語的能力由第三者即英語或 TOEIC 來表示，此人日後入學、就職就能更為順利。

　　這些以概念來表示即如圖 22-1 所示。接受英語測驗的人假定是 A 先生，A 先生希望的任職對象是 B 公司，B 公司看了他的 TOEIC 的分數，即可判定 A 先生的英語能力，因此，B 公司就不需要獨自進行英語的評價。又以 A 先生來說，如一度接受 TOEIC 的測驗時，也可用在 C 公司、D 公司的就職考試有此優點。

　　ISO 9001 的認證也是此種體系，X 公司顯示自己公司的品質管理系統的能力，有助於想與 Y 公司交易，對 Y 公司來說，獨自評估 X 公司是累人的作業，因之第三者的審查結果是有幫助的。此審查結果是世界各國共通的，在某個國家取得認證之結果，基本上在海外的其他國家也是有效的。具有品質護照功能的正是 ISO 9001。另外，ISO 14000 系列是有關環境管理系統的國際規格，ISO 14001 也是用於第三者認證的架構上。

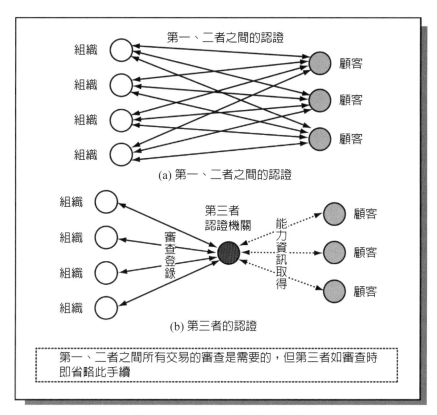

圖 22-1　第三者認證的構造

3.ISO 9000系列中的基本想法

ISO 9000 的基本想法，全部包含在 TQM 所強調的想法中。換言之，ISO 9000 規定的是高階對品質決定適切的方針，將此有組織的展開，在各個現場中確實地去實踐它的活動。並且，對此實踐來說，像 PDCA、持續的改善、過程研究等，均是有效的。ISO 9001:2015 的要求事項與 TQM 的說明是位在同一方向上。亦即，如果 TQM 能有效地實踐時，在活動實體上，ISO 9001 的認證取得並無問題。

4.認證取得的要點

實踐 TQM 的國內企業，在取得 ISO 9001 的認證上，將工作的作法詳細記述並提示的作法並不熟悉。國內企業的業務規定，與歐美企業相比較為不足，許多的企業習慣的是不明示體系的運作。

有效實踐 TQM 的企業，對取得 ISO 9001 的認證感到吃力的是 ISO 9001 的要求事項與自公司的體系如何對應的明示。ISO 9001 是以第三者認證為前提，具備能讓第三者看得懂的品質管理系統是很重要的。

5. ISO 9001的活用

以 ISO 9001 的活用來說，「透過 ISO 9001 的認證取得，以確認基礎事項的實施狀況」。ISO 9001 的要求事項，基本上是國際級的「標準」。ISO 9001 的認證取得，在確認基礎事項上是很有效的。另一方面，不可誤解的是，儘管取得了 ISO 9001 的認證，也不能說在品質上具有競爭力。想將用人費的低廉當作國際競爭力的企業，會將 ISO 9001 的認證取得當作經營的契機。亦即，取得 ISO 9001 的認證，自己公司的品質管理系統是標準級的，可以當作後盾。對購買者來說，雖然可以立即知道價格的水準，但品質的水準是不知道的。此時，如取得 ISO 9001 的認證時，那麼「請放心！本公司是取得 ISO 9001 的認證，我們公司的品質管理系統沒問題。所以請使用價格低廉的本公司產品吧。」，可以向顧客訴求。

6. ISO改版歷程

- ISO 9000：1987，源自英國標準 BS 5750。
- ISO 9000：1994，透過防範措施，以達到品質的保證。它需要公司能提出符合品質保證的證明。不幸地，公司傾向製作一大堆的過程文件，使 ISO 標準局的人員陷於重擔之中。
- ISO 9000：2000，透過過程表現指標，提高效率，以減少過於著重文件證明的弊病。公司可透過清晰的證明，以引證生產過程能運作順利。此修訂亦點明要有持續的生產過程改進，以及了解顧客的滿意度。
- ISO 9000：2008，自 2007 年 6 月第 32 屆 SC2 會議後，新版 ISO 9001 標準將進入 DIS 階段。2008 年 5 月進入 FDIS 階段，2008 年 10 月正式發布 ISO 9001：2008 標準。
- ISO 9000：2015，目前發展到 IS 版。

ISO 在正式發布改版條文之前，會經過 4 大修改階段。依據國際標準化組織表示，所有相關利益團體都可以提交反饋，經由市場調查和全球企業意見回饋，進而推出新版條文。通常來說 ISO 9000 系列之改版，每逢 5 年進行小改，通常會設定 2 年之改版轉換期限；另逢 10 年進行較大幅度之改版作業，改版轉換期限通常會設 3 年。但每個改版之內容狀況及改版期限，仍會按每個版本實際之運作狀況來決定。

1. 委員會草案版（Committee Draft，CD 版）。
2. 國際標準草案版（Draft International Standard，DIS 版）。
3. 最終版國際標準草案（Final Draft International Standard，FDIS 版）。
4. 國際標準（International Standard，IS 版）。

依據 ISO 官方報告，目前已有超過 170 個國家、100 多萬家公司和組織已通過 ISO 9001 認證。該標準基於許多品質管理原則，包括客戶需求關注、高階管理階層的治理目標、過程方法和持續改進，使用 ISO 9001：2015 將有助於確保所有客戶獲得一致的優質產品和服務，從而帶來許多營業利益。

ISO 9000 描述的品質管理原則，包括每個原則的陳述，原理對組織重要的原因，與原則相關的一些益處等，一旦企業有效應用 7 大管理原則時，將能提升企業的品質績效與客戶滿意度。

ISO 9000 七大管理原則（Quality management principles, QMP）

QMP 1：以客戶為中心（customer focus）

QMP 2：領導力（leadership）

QMP 3：全員參與（engagement of people）

QMP 4：流程方法（process approach）

QMP 5：持續改善（improvement）

QMP 6：基於證據的決策（evidence-based decision making）

QMP 7：合作夥伴管理（relationship management）

在 ISO 管理系統常見的文件結構如下：

一階：品質手冊，包含驗證範圍、公司簡介、標準條文與程序對照表等。（此文件在 ISO 9001：2015 中已非必要文件，不過我們還是列出）。

二階：程序文件，每個流程的要求（如訂單管理程序）。

三階：工作（作業）指導書，與各流程相關的輔助文件（如 ERP 操作手冊）。

四階：品質紀錄（表單），各流程所需要執行的表單（如內部訂單、採購單等）。

22-2　戴明獎(1)

　　戴明獎是對已故美國的品管專家戴明（Deming, W. E.）博士的貢獻所設立的獎，戴明博士從 1950 年初來日本之後，舉辦為數甚多的有關品質管理的研討會，這些對日本的品質管理發揮甚大的作用。

　　戴明獎至 2005 年為止總共有 188 家獲獎，而日本品質管理獎總共有 19 家，幾乎大企業均獲有戴明獎。獲獎企業之業界範圍廣泛，有鋼鐵、化學、電機、汽車、建設等。另外，1989 年美國佛羅里達電力公司也獲獎，近年來許多的海外企業也陸續在申請中。

(一) 戴明獎的特徵

　　此獎的特徵之一是評價組織自主所開發的 TQM 的實踐情形。亦即，以評價項目來說，是先決定好某種程度的架構，為了實現它，該組織是如何開發出獨特的方法。另一方面，我國的國家品質獎則仿照美國仔細規定它的評價構造，評價項目愈鬆，可以培養出種種創造性的手法、概念。相反地，如仔細決定時，即容易看出應前進的方向。戴明獎所期待的是新方法、概念的育成，它的例子有方針管理。這並非是理論主導所誕生的，而是從 1960 年後半作為組織推動的方法論，以實踐的方式所誕生出來的。

(二) 戴明獎中的 TQM 定義

　　戴明獎是將 TQM 定義為「為了能適時適價地提供具備有顧客滿意的品質之產品或服務，有成效地運作企業的所有組織，為了達成企業目的而有所貢獻的有體系活動」。在定義的一開始「具備有顧客滿意的品質的產品或服務」，並非一般性的經營管理活動，而是說明以品質為對象。從此定義可以知道，TQM 的核心具有提供「顧客滿意」的品質的此種理念。戴明獎是從「基本事項」、「有特徵的活動」、「高階的任務與其發揮」三點來評價組織。以下個別觀察其構造。

(三) 戴明獎的評價基準

表 22-1　戴明獎（基本事項）的評價項目

①與品質管理系統有關的經營方針與其展開。
②新商品的開發及 / 或業務的改變。
③商品品質及業務品質的管理與改善。
④品質、量、成本、安全、環境等的管理系統的配備。
⑤品質資訊的收集、分析與 IT（資訊技術）的活用。
⑥人才的能力開發。

1. 基本事項

關於基本事項的評價項目如表 22-1 所示。由此表知，TQM 中高階的強烈承諾是很需要的。亦即，以經營方針來說，明示品質的重要性，其展開中引進有第一項的評價項目即為「①與品質管理系統有關的經營方針與其展開」。

其次的「②新商品的開發及／或業務的改變」、「③商品品質及業務品質的管理與改善」、「④品質、量、交期、成本、安全、環境等管理系統的配備」，是以品質為核心實現它的系統。在②中，討論著新商品的開發是否高度追求顧客的滿意。又，在③中，是討論日常管理、持續性改善之業務品質。另外，在④中是議論②與③，以系統來說是否在運作。

又，對於「⑤品質資訊的收集、分析與 IT（資訊科技）的活用」、「⑥人才的能力開發」來說，可以解釋成為了支撐 TQM 的核心而建立基礎。由於與品質有關的資訊很重要，所以最好能適切處理它。又，人才育成的重要性，不管在哪個領域均具普遍性，TQM 也要引進它。

以上的基本構造是表示 TQM 的架構。換言之，當評價自己的組織時，從此等 6 個觀點評價時，即可議論 TQM 的滲透程度是如何。

戴明獎（Deming Prize）是日本科學技術連盟於 1951 年起開設的每年獎項，以美國品管專家愛德華茲，戴明命名，獎項分為「個人獎」及「應用獎」，每年頒發在品質方面作出重大改進的個人或公司，現時獎項委員會會長是由日本經濟團體連合會會長兼任。

22-3 戴明獎(2)

2. 有特徵的活動

「有特徵的活動」是由組織自己宣言，再審查它的達成水準，這是戴明獎的一個特徵。「我們的作法中這是最突出的，期盼能評價它」，由接受審查的組織自己宣言的類型。如先前所介紹的方針管理那樣，積極地評價組織獨自產出的方法。在人事的錄用面試上，如詢問「你的賣點是什麼？」依其回答來評估該人是一樣的想法。

表 22-2　日本戴明獎的評價項目

評審項目	配分
1. 品質管理政策及其展開	20 分
a. 以明確經營方針為基礎反應其管理原則、工業、商業、規模、及經營企業環境，組織業已擬定具挑戰性的品質與顧客導向之企業目標及策略。 b. 將經營方針展開至全組織，並使全員一致遵行。	(10 分) (10 分)
2. 新產品開發及／或工作流程創新	20 分
a. 組織積極從事新產品／服務之開發或工作流程創新。 b. 新產品需要滿足顧客要求。至於工作流程創新，它必須對企業管理之效率做出最大的貢獻。	(10 分) (10 分)
3. 產品與營運品質之維持與改進	20 分
a. 日常管理： 經由標準化及教育訓練，使得組織的日常業務幾乎不發生問題，同時各部門的主要業務均能平穩地執行。 b. 持續改進： 組織以有計畫及持續的方式進行品質及其他方面的業務改進，來自市場及／或後繼的抱怨與不良已經降低。來自市場及／或後繼的抱怨與不良持續保持在極低水準。顧客滿意度已經改進。	(10 分) (10 分)
4. 建立品質、數量、交期、成本、安全、環境等之管理系統	10 分
組織業已建立上述管理系統，並有效地運用它們。	
5. 資訊科技之品質資訊收集、分析、與利用	15 分
組織以有組織的方式從市場及其內部收集品質資訊並加以有效地利用、同時採用適當的統計方法與資訊科技，將它有效地應用在開發新產品及維持與改進產品及營運品質上。	
6. 人才資源開發	15 分
組織有計畫地進行人才培育及開發，以產生維持與改進產品及營運品質的結果。	

表 22-3　美國國家品質獎評審要項及其配分表

序號	項目	序號	子項目	配分	合計
1	領導	1.1 1.2	高階管理領導 公司治標與社會責任	70 50	120
2	策略規劃	2.1 2.2	策略展開 策略實施	40 45	85
3	顧客為重	3.1 3.2	顧客之聲 顧客約定	45 40	85
4	資訊、分析與知識管理	4.1 4.2	組織績效之量測、分析與改進 資訊、知識及資訊技術之管理	45 45	90
5	人力為重	5.1 5.2	人力環境 人力約定	40 45	85
6	過程管理	6.1 6.2	工作系統 工作過程	45 40	85
7	企業成果	7.1 7.2 7.3 7.4 7.5	產品與過程成果 顧客為重成果 人力為重成果 領導與公司治理成果 財務與市場成果	100 90 80 80 80	450

3. 高階的任務與其發揮

　　實踐 TQM 中，高階的承諾是很重要的，因之設定有此評價項目。譬如，對 TQM 的理解與熱心，組織的社會責任、環境安全措施與 TQM 的關聯等，也要加以斟酌考量。此項目是對高階可期待有多大的承諾的一種表現。

22-4 六標準差(1)

(一) 美國開發的品質管理活動

所謂六標準差是以日本的 TQM 爲範本，爲了能符合美國的風氣與文化所準備的品質管理活動。以名稱來說是六標準差，看起來與管制圖中的 3 標準差相對應，但就此來說，讓實務、統計相連結的根據薄弱，只是明示方向的旗幟。

談到品質就會被提及日本的 1980 年代，美國爲了確保國際的競爭力，六標準差是被當作對策提出來。許多的美國企業，將當時稱爲 TQC 的日本式活動原封不動地引進來，可是，儘管是適合日本的方法，但多數卻無法被美國接受。譬如，QCC 雖然具有以自己的意願，透過工作自己學習成長的目的，但這無法被以職務規定爲基礎來行動的美國社會所接受，只流於形式上的活動，終究無法生根。

六標準差的契機是摩托羅拉公司，以 1980 年代的日本作法爲基礎，配合美國的文化以建構品質管理體系爲目標。之後慢慢地成熟，1995 年 GE（通用電氣）公司的引進成爲導火線，造成甚大的熱潮。從 1990 年代後半，甚至美國把品質管理稱爲 6 標準差，似乎有此風潮。

(二) 六標準差與 TQM 的共同點與相異點

6 標準差在組織上是推進品質管理的體系，其品質管理的基礎想法、工具、基本原理是與 TQM 相同。可是，推進型態依該國的文化、經營環境等有若干的不同。具體言之，如比較日本典型的 TQM 與美國典型的六標準差，共通點是：

1. 以組織的方式改善品質，以持續成長爲目標。
2. 高階的重要性、顧客主義等是品質管理的行動指針。
3. 使用的統計方法。
4. 改善步驟的本質（但稱呼略有不同）。

因此，這些可以說是超越國家、組織、文化的重要概念。

另一方面，可以看出與 TQM 不同。這些以方法論來說，並無絕對的好與壞，取決於組織的文化、風氣、經營環境，適用的方法是不同的。以下所敘述的是典型的日本 TQM 與美國的 6 標準差。當然位於兩者之間的組織也是有的。

1. 以改善的特別組織或日常組織為基礎進行改善

六標準差是設置品質改善的專任活動者來建構組織，相對地 TQM 是對日常組織不加以特別地改變，實踐改善是一般的情形。6 標準差典型上準備有如圖 22-2 所示的組織構造。觀察名稱時，有黑帶、綠帶等。這些名稱被視爲來自空手道或柔道的黑帶，但在空手道中並無綠帶之名，這一定是美國式所安排的。

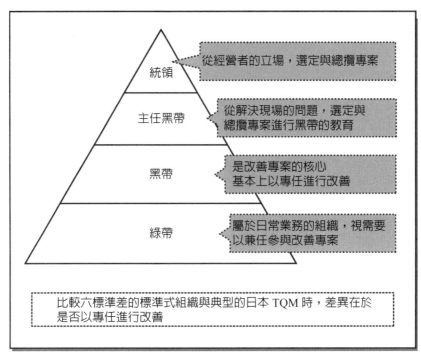

圖 22-2　在六標準差中的基本組織與成員的任務

　　在表示六標準差的典型組織中，統領（Champion）從經營的觀點，主任黑帶（master blackbelt）是從現場執行專案的觀點，選定改善專案。黑帶是執行所給與的改善專案。典型上選出 20 歲到 30 歲有實務經驗 3～5 年左右的人。另一方面，綠帶是以日常業務為基礎，與專案有關。

22-5 六標準差(2)

　　六標準差是另外構成專案基礎的組織，它是以實踐改善專案為典型。像典型的TQM，以日常組織為基礎進行改善活動時，可以呈現與現場有密切的活動，相反的，會出現所屬部門的歸屬意識，難以進行大膽的改善。另一方面，像六標準差脫離現場組成改善專案，容易進行大膽的改善，但現場整體的水準不會提升，反而擔心品質管理會與日常業務相悖離。

2.獲得利益的顧客滿意或獲得顧客滿意可帶來利益

　　六標準差是為了獲得利潤，進而以獲得顧客滿意的想法推進活動，相對的，TQM是獲得顧客滿意可帶來利潤的想法推進活動。這是因為1980年代在日本股東的概念很稀薄，相對的，美國是起因於企業是股東所有的思想。亦即，六標準差，考慮到股東對利潤敏感，改善專案是從經濟面來選定。

　　如將獲得利潤當作第一要務時，行動的方向容易理解有此優點，相反地太過於強調時，有陷於粉飾決算的危險，另外，推進經濟、社會、環境三者均衡的活動就變得困難。另一方面，像TQM以獲得顧客滿意作為第一要務時，如適切定義顧客時，可以保持這些的均衡，相反的，經濟的部分就會看不見，活動變得不易理解。

3.「由上而下」或「由上而下＋由下而上」

　　六標準差是由上而下決定改善主題作為主流，相對的，TQM是擔當改善的成員自身決定改善的主題，或著手由高階所給與的主題。亦即，六標準差是「由上而下」作為主流，TQM是「由上而下＋由下而上」的混合作為主流。以由上而下決定主題，組織形成一體朝同一方向推進有此優點，但另一方面，由下而上來決定，則有與日常業務相整合，培養基礎能力的優點。

4.標準式的改善過程或自主式的改善過程

　　6標準差強調的是以DMAIC的改善進行方式與統計手法作為配套，將改善過程標準化再實踐作為取向。另一方面，日本的TQM，是針對品管記事（QC story）等的改善進行方式與統計手法進行全盤的教育，它的使用則委交給改善承擔者，採自主式的進行方式有此傾向。

　　DMAIC的意涵如下：

- ・Define opportunity：確認改善之良機。
- ・Measure performance：量測現況。
- ・Analyze opportunity：分析機會、找到對策。
- ・Improve performance：改善績效。
- ・Control performance：控制績效。

(三) 六標準差與 TQM 的相互介入

以上是整理較具代表的差異，但對這些來說何者較好，則很難一概而論。因有互為表裡的優點、缺點，因之有需要取決於組織再決定引進。組織的活動開始僵化時，基於給與某種的刺激之意，朝著過去未曾進行的方向去引進也是一種方法。

美國如活動僵化時，常有變更名稱之傾向。譬如，在六標準差之前，SPC（Statistical Process Control，統計製程管制）曾有過風行，因此六標準差的名稱今後也會改變成其他的名稱，但其核心「利用統計手法的活用，適切洞察事實，有組織地實踐品質的改善」，相信是會被傳承下去的吧。

知識補充站

最初於 1986 年由摩托羅拉創立。後來由於奇異第八任執行長傑克 · 韋爾奇（Jack Welch）的推廣，六標準差於 1995 年成為奇異的核心管理思想，今天廣泛應用於很多行業中。

六標準差管理哲學的重點就是 99% 的成功率是不夠的，因為六標準差表示每一百萬次只有 3.4 次瑕疵，也就是說成功率要達到 99.99966%。六標準差的重心在於消除錯誤、浪費以及重做的情況。如果你的公司只有一個標準差，那表示每一百萬次會有大約七十萬次瑕疵，一標準差表示你做對的機率只有 30%，如果你是屬於二標準差，那麼表示每百萬次約有三十多萬次瑕疵，一般公司運作大概介於三和四標準差之間，也就是每一百萬次分別會有 66,000～6,210 次失誤成瑕疵產生。

22-6 TQM的本質與模型的活用

1.TQM的指向

　　TQM 的本質在於「獲得顧客的滿意，維持產品的品質、服務的品質，並進行持續性的改善」。此處所說的改善，不只是以既有的系統為前提的務實改善，也包含建構新系統實現大幅度的改善。亦即，如圖 22-3 所示，組織提供了產品、服務，顧客針對它以滿意度決定產品品質、服務品質的良窳，並持續維持與改善，即為 TQM 的本質。

　　TQM 的歷史變遷如本篇第 18 章所介紹，滿意度的掌握方式與時俱變，變化的方向如圖 22-3 所示，除了產品、服務本身的好壞與否外，像對社會、環境的影響等，也包含在此範疇中。儘管品質的掌握方式在擴大，TQM 的核心如圖 22-3 所示，仍是提高產品品質、服務品質，實現高水準的顧客滿意。

　　一般活動變得複雜化時，手段的引進本身會被當作目的加以掌握，因而核心是什麼？常常會變得模糊不清。對於 TQM 來說，方針管理、日常管理等的引進本身也有被當作目的來掌握的。可是，它的引進目的，則是顧客滿意的高度實現。

2.要如何做才可實現高水準的顧客滿意

　　要實現高水準的顧客滿意，有充實各個過程的維持、改善活動，以及將它們綜合地彙總之活動，此二者甚為重要。對應本篇第 18 章所說明之品質變遷，有需要提升各個過程的水準。因之持續性的改善過程，且能因應品質的掌握方式在擴大是有其需要

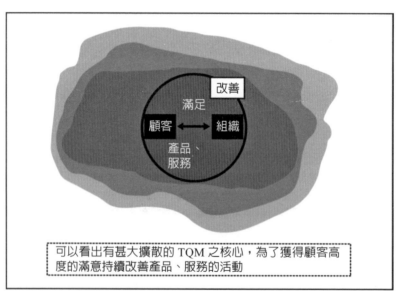

圖 22-3　TQM 的本質

的。接著，支撐改善支柱的想法是「以數據來說話」。如觀察 TQM 的教育計畫時，一般都花甚多的時間在統計數據的處理上，若能有效應用統計手法時，各個過程的改善即變得容易。

　　綜合地彙總各個過程的維持、改善所需的體制是方針管理、日常管理。縱使各個過程朝著理想的方向，整體來說未整合的情形也有很多。因此，方針管理是將高階所決定的方針向各個過程明確地去展開。根據此所展開的方針改善各個過程，使全體能朝向理想的方向。另外，為了維持，日常管理也很重要。日常管理的目的可以說是維持一度被改善成理想狀態的過程。由以上來看，將實現高度顧客滿意之方針，向各個過程去展開並進行改善、維持，此目的是實現高度的顧客滿意。

3.品質管理模型的有效活用

　　像 ISO 9000、戴明獎、國家品質獎均是 TQM 的推行模型。這在建構或評價組織中有關品質的體系時甚有幫助。對於這些模型的活用，概略加以整理者即為圖 22-4。首先底邊是基礎教育與 5S，支撐著高度的體系，接著其上方是標準化。另外，ISO 9001 是未固定業界的一般性規格。ISO 9001 並未規定要求的達成度，為了改善達成度的績效，ISO 9004 的模型或 TQM、6 標準差都是可行的。另外，國家品質獎、戴明獎可視為評價的模型。因此，以 ISO 9001 進行基礎性的活動，實踐 TQM 的方針管理、六標準差等的改善活動去提升水準，再去評價所到達的水準是可行的。

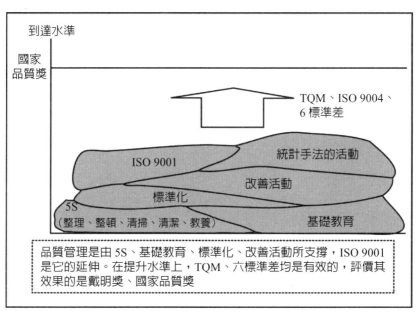

圖 22-4　品質管理的模型與有效的活用

22-7 TQM所指向的文化、風氣

1.有效地引進TQM時組織風氣會改變

TQM 有效地被引進，組織所具有的文化是：

(1)誰應該作什麼彼此的溝通變好。

(2)為了什麼在執行，可以獲得徹底周知。

(3)遵守應做的事項。

(4)未遵守時的應對明確。

換言之，可以確立能確實實踐理所當然之事的文化。

對於 1999 年所發生的核燃料加工設施 JCO 的臨界事故來說，從 TQM 的立場來說，標準類的遵守是問題所在。此處的事故原因，儘管作業的作法以標準加以規定，但作業員並未遵守該作法，並且管理者也默許它才是問題所在。亦即，不光是作業員，組織有疏忽脫離標準的問題。

另外，汽車業界也發生過隱藏回收的問題。此意謂隱藏缺陷的倫理問題，以及從 TQM 的立場來看，將顯在化的問題當作冰山之一角所掌握的應急對策與再發防止活動並未貫徹。可以說侷限於目前，忘了最基本的要點是什麼。

引進 TQM 不久，經常有人說不合規格品或客訴的件數會增多。這並非是品質的惡化，以不合格品或客訴來說，以往未加處理的問題，如今被當作問題來處理，結果不合格品或客訴就有一部分會增加。如果能解決它就會有利益，因之發現問題就能改進而有了此種發想。因此，一部分增加的不合格品或客訴隨著 TQM 的引進就會慢慢減少。

2.以建立有效的風氣、文化為目標

在建立 TQM 能有效發揮作用的風氣、組織文化方面，有如下重要事項：

(1)高階提示正確的方針。

(2)方針的適切展開。

(3)利用業務流程與過程分析（process approach）向每日的工作去展開。

(4)利用教育來維持。

(5)引進自律性的體系。

儘管每個人努力地從事活動，如果活動的方向不一致時，是無法化成甚大力量。因之，高階基於組織的理念、願景等設定方針，再將此展開後去實踐的方針管理可加以採用。以組織面對的問題來說，當有替代方案 A、B 時要選擇何者，有時會感到迷惘。此時，參照相當於上位概念的方針再去判斷。如果沒有上位方針時，下面的組織要如何行動才好就會不知所措。因之，高階有需要提示能實現、容易了解、有助於企業能持續成長的適切方針。

其次要考慮的是，將高階的方針分別適切地去展開。方針通常是針對要將結果變成如何加以定義。為了每日的實踐，為了獲得理想的結果，投入過程中是有需要的。此時有助益的是業務流程與過程分析（process approach）。利用過程的分析方式連續性地掌握各自的工作，規定要作什麼，以確實實施為取向。

　　接著，最後基於過程研究實踐所計畫的活動。爲了實踐，參與工作的人，分別要具有充分能達成它的能力。因爲要與海外連絡，卻分派英語不擅長的人來製作人才計畫，它也是不會有成效的。換言之，適切引進TQM的要項，以組織而言可以說，就能培養出理想的風氣與文化出來。

3. 要維持好的風氣

　　一度形成的好風氣與文化，維持是很重要的。對此來說，除了持續地教育以外，別無其他方法。在運動方面，要維持基礎體力，必須持續實踐基礎體力的訓練是一樣的道理。

　　對標準來說，初期的時候強調的是「要如何做」，以及「爲何要作成如此的手續呢？」「如果沒有它時，什麼會困擾呢？」等。可是隨著時間的經過，常常會忘掉這些。於是最終只留下「要如此做」的方法，欠缺該方法的需要性部分。整理此情形者，即爲圖22-5。爲了避免風化，持續地教育基礎能力與標準的重要性是有需要的。

　　維持與改善的落實，也是重要的活動。無法落實改善的現場，進行大規模的改善是不可能的。某企業從30年前即引進提案改善制度，自此以來一直實踐它。像這樣，高階不改變該方針，持續表示其重要性，此文化與風氣即可維持。一度中斷後，是無法簡單恢復的，形成風氣之後，經常意識要維持它並去進行活動。

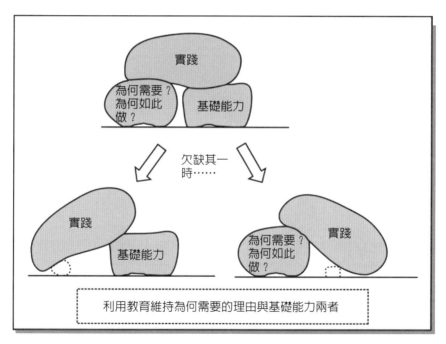

圖 22-5　風氣的維持在於需要性的周知與基礎能力之維持

22-8 引進TQM的重點

1.設置推進組織

引進 TQM 時，通常是在組織中設置 TQM 的推行負責人。為了引進 TQM，並非是增強設計部門或是增強生產部門。因為 TQM 是各個部門在各自的工作中實踐的整個組織的活動，為了能順利推進整個組織的活動，要設置推行負責人。

如果是大型組織，如圖 22-6 所示，將 TQM 推行組織定位成一個組織。並且，TQM 的推進，需要能跨部門傳達給組織全體的資訊，因之即成為跨部門的立場。也有同時負責環境與 CSR（Corporate Social Responsibility，企業的社會責任）者。另外，如果是小型組織，任一部門也可擔當 TQM 的推行。

2.推進部門的功能

推進部門在 TQM 中的功能，是為了實踐品質管理，使 PDCA 能順利地轉動。首先，以計畫（P）階段來說，像是高階為了決定方針所作的調整，為實現方針制訂務實的教育方案、制訂各種標準化之推行計畫等。基於與教育有關之考量，像 QCC 等製造出能與外界有交流的機會。標準化等雖然各部門在實踐，但其日程管理由推行部門來負責或許是可行的。又在實施（D）的階段，為了能按照規定進行活動所需的調整。以及，確認（C）TQM 是否按照計畫進行。並且，適切地檢討方針的制訂有無問題，或者實踐上有無問題，視需要採取處置。像這樣涉及多方面，因之 TQM 成功的關鍵可以說是在於推行部門。

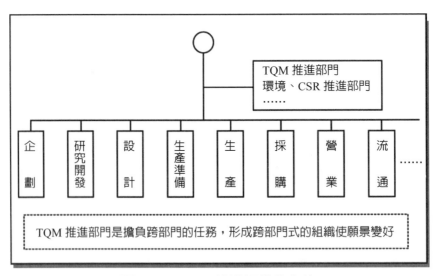

圖 22-6　TQM 推進組織的定位

3.防止形式化

即使 TQM 也與其他的經營管理手法一樣有可能流於形式化。為了排除它的可能性，應意識 TQM 是為了什麼在進行的？給與激勵是很重要的。這並非是 TQM 的話題，其他的經營管理手法也是一樣的。

譬如，方針管理將品質的方針向各部門展開，並貫徹方針是目的所在，相對的，禮貌上的追加它的管理項目之數值是偏離本質的。又，對標準來說，把應遵守的事項，當成「步驟是步驟，實際是實際」也並非本質。

為了防止此種事項，經常思考目的是什麼，貫徹基礎教育，適時地給與某種刺激。活動因有其需要的理由，所以使大家認識它是很重要的。

TQM 的推行，久而久之容易形式化，為了防止形式化，給予激勵是很重要的。

參考文獻

1. 山田秀，TQM 品質管理入門，日經文庫，2006。
2. 山田秀，品質管理的改善入門，日經文庫，2007。
3. 永田靖，品質管理的統計方法，日經文庫，2008。
4. 中條武志，ISO 9000 的知識，日經文庫，2006。
5. 青山保彥，6 標準差，鑽石社，2006。
6. 青山保彥，6 標準差引進策略，鑽石社，2007。
7. 狩野紀昭，服務產業的 TQC，日科技連出版社，1990。
8. 水野滋，全社總合品質管理，日科技連出版社，1984。
9. TQM 委員會，TQM 21 世紀的總合「質」經營，日科連出版社，1998。
10. 木暮正夫，日本的 TQM，日科技連出版社，1990。
11. 狩野紀昭，現狀打破・創造之道，日科技連出版社，1995。
12. 近藤良夫，全社的品質管理，日科技連出版社，1993。
13. 石川馨，日本的品質管理，日科技連出版社，1980。
14. 石原勝吉，TQC 活動入門，日科技連出版社，1985。
15. 唐津一，TQC 日本的智慧，日科技連出版社，1982。
16. 上淫實，我的品質經營，日科技連出版社，1986。
17. 鍾漢清譯，戴明，轉危為安：管理十四要點的實踐，經濟新潮社，2015。
18. 陳怡芬譯，克勞斯比，不流淚品管，天下出版，1984。
19. 顏斯華譯，克勞斯比，品管免費，生產力中心出版，1979。

家圖書館出版品預行編目資料

圖解品質管理／陳耀茂著. -- 二版. -- 臺北
市：五南圖書出版股份有限公司, 2023.01
　面；　公分
　ISBN 978-626-343-606-0（平裝）

1.CST: 品質管理

494.56　　　　　　　　　　111020469

5BB1

圖解品質管理

作　　者 ― 陳耀茂（270）

發 行 人 ― 楊榮川

總 經 理 ― 楊士清

總 編 輯 ― 楊秀麗

副總編輯 ― 王正華

責任編輯 ― 金明芬、張維文

封面設計 ― 姚孝慈

出 版 者 ― 五南圖書出版股份有限公司

地　　址：106台北市大安區和平東路二段339號4樓

電　　話：(02)2705-5066　　傳　真：(02)2706-6100

網　　址：https://www.wunan.com.tw

電子郵件：wunan@wunan.com.tw

劃撥帳號：01068953

戶　　名：五南圖書出版股份有限公司

法律顧問　林勝安律師事務所　林勝安律師

出版日期　2020年10月初版一刷
　　　　　2023年 1 月二版一刷

定　　價　新臺幣480元

經典永恆・名著常在

五十週年的獻禮 —— 經典名著文庫

五南，五十年了，半個世紀，人生旅程的一大半，走過來了。

思索著，邁向百年的未來歷程，能為知識界、文化學術界作些什麼？

在速食文化的生態下，有什麼值得讓人雋永品味的？

歷代經典・當今名著，經過時間的洗禮，千錘百鍊，流傳至今，光芒耀人；

不僅使我們能領悟前人的智慧，同時也增深加廣我們思考的深度與視野。

我們決心投入巨資，有計畫的系統梳選，成立「經典名著文庫」，

希望收入古今中外思想性的、充滿睿智與獨見的經典、名著。

這是一項理想性的、永續性的巨大出版工程。

不在意讀者的眾寡，只考慮它的學術價值，力求完整展現先哲思想的軌跡；

為知識界開啟一片智慧之窗，營造一座百花綻放的世界文明公園，

任君遨遊、取菁吸蜜、嘉惠學子！